AF545543

# Silke Stricker

# Körperarbeit mit dem Hund

ISBN 978-3-936188-75-2

Lektorat: Susanne Artmann
Fotos: Ralph Arndt-Stricker; Adobe Stock
Satz & Layout: Annette Gevatter, Riegel a.K.
Druck: Druckerei FINIDR, s.r.o., Český Těšín, Tschechische Republik

Alle Rechte der deutschen Ausgabe:
animal learn Verlag, Am Anger 36, 83233 Bernau
E-Mail: animal.learn@t-online.de, www.animal-learn.de

# Inhalt

## Teil 4: Lastenträger Vorderhand . .93

## Teil 5: Was alles verbindet – Rumpf und Wirbelsäule .......117



## Teil 6: Und natürlich – der Kopf .................. 143



## Teil 7: Ganzheitlicher Aufbau der Körperarbeit – was es zu beachten gilt .......156



## Danke! ..................... 164

## Über die Autorin ............ 165

# Vorwort

Liebe Leserin, lieber Leser,

wenn Sie dieses Buch in den Händen halten, sind Sie vermutlich vorher auf irgendeinem Wege mit dem Begriff der Körperarbeit in Berührung gekommen und möchten mehr darüber erfahren. Das freut mich sehr, denn je mehr Hundehalter Körperarbeit kennenlernen und praktizieren, desto mehr Hunde können von ihr profitieren. Mich begeistert diese Form der harmonischen Arbeit mit dem Hund immer wieder, und ich erlebe diese Begeisterung auch bei den von mir begleiteten Haltern. Weil ich die Körperarbeit mehr Interessierten zugänglich machen und vermitteln möchte, als das mit Einzel- oder Gruppenstunden möglich ist, habe ich dieses Buch geschrieben. Ich erkläre Ihnen noch kurz, wie es aufgebaut ist, und dann geht es auch schon los.

Im ersten Teil möchte ich Sie gedanklich „abholen" in die Welt der Körperarbeit. Hier fasse ich zusammen, was man unter Körperarbeit versteht und warum es sich für Hund und Halter immer lohnt, damit zu beginnen. In den darauf folgenden Teilen finden Sie bezogen auf den jeweiligen Körperbereich neben einer kurzen Einführung in die Anatomie und Funktionalität verschiedene Übungen, bei denen Ihr Hund aktiv werden muss, sowie Massagegriffe und -abfolgen, die Sie an Ihrem Hund durchführen können.

Alle in einem Kapitel beschriebenen Übungen wirken zwar schwerpunktmäßig, aber nicht ausschließlich auf

diesen einen Körperbereich. Muskulatur, Faszien, Sehnen, das Skelett arbeiten immer im Team und dies eben auch über einzelne Körperbereiche hinaus. In der Körperarbeit sind die Grenzen zwischen einer Übung für die Hinterhand und für den Rücken deshalb nicht so trennscharf. Es geht nie nur um einen einzelnen Muskel. Die Einteilung dieses Buches in die verschiedenen Teile dient daher nicht der Abgrenzung der Übungen voneinander, sondern soll vor allem für Übersichtlichkeit sorgen. Im letzten Teil des Buches gebe ich Tipps für den Einstieg in die Körperarbeit. Außerdem finden Sie dort Erläuterungen und Beispiele dafür, wie eine Trainingseinheit vom Aufwärmen bis zum abschließenden Ausstreichen sinnvoll gestaltet werden kann. Auch die Integration der Übungen in den Alltag wird hier noch einmal angesprochen. Und jetzt geht es auch schon los. Ich wünsche Ihnen viel Freude beim Lesen und Ausprobieren.

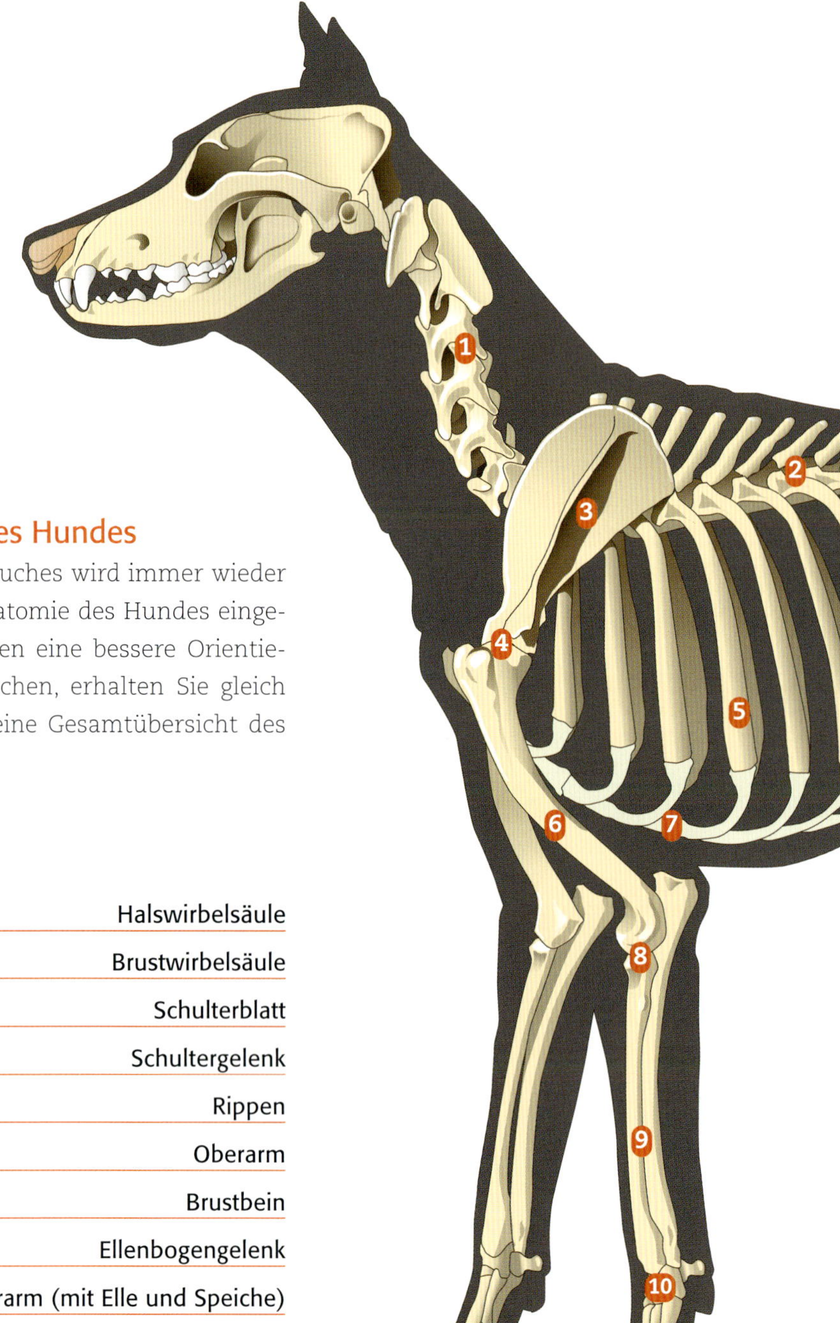


## Das Skelett des Hundes

Im Verlauf des Buches wird immer wieder auch auf die Anatomie des Hundes eingegangen. Um Ihnen eine bessere Orientierung zu ermöglichen, erhalten Sie gleich hier zu Beginn eine Gesamtübersicht des Hundeskeletts.

1. Halswirbelsäule
2. Brustwirbelsäule
3. Schulterblatt
4. Schultergelenk
5. Rippen
6. Oberarm
7. Brustbein
8. Ellenbogengelenk
9. Unterarm (mit Elle und Speiche)
10. Karpalgelenk
11. Mittelhandknochen
12. Zehen

| | |
|---|---|
| 13 | Kreuzbein |
| 14 | Lendenwirbelsäule |
| 15 | Schwanzwirbel |
| 16 | Becken |
| 17 | Hüftgelenk |
| 18 | Sitzbeinhöcker |
| 19 | Oberschenkel |
| 20 | Kniegelenk |
| 21 | Schienbein |
| 22 | Fersenbein |
| 23 | Sprunggelenk (Tarsalgelenk) |
| 24 | Mittelfußknochen |
| 25 | Zehen |

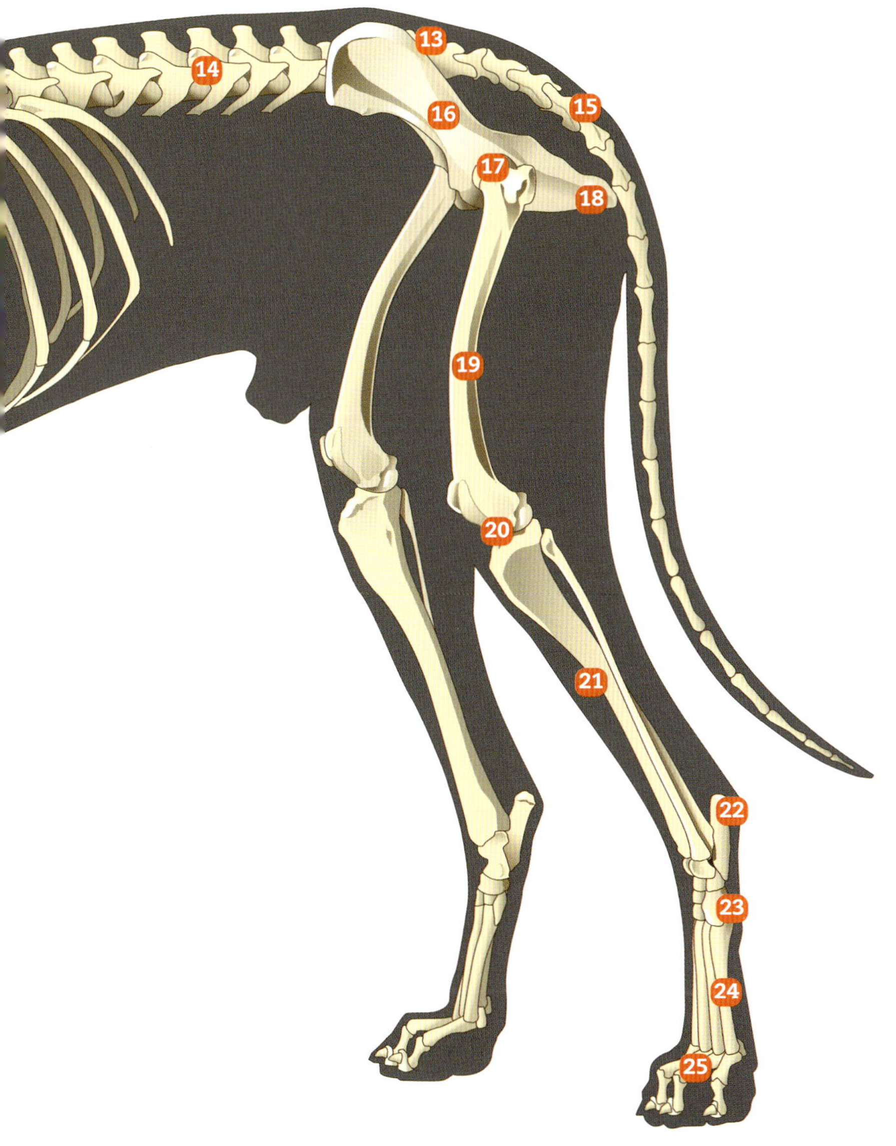

Teil 1

# Einführung in die Körperarbeit

Wenn ich als Hundephysiotherapeutin Hundehaltern von der Körperarbeit erzähle, finden viele das zwar interessant, stellen aber auch meistens die Frage, wofür das nun gut sein soll, wenn der eigene Hund doch gesund und fit ist. Deshalb möchte ich darauf als Erstes eingehen, denn tatsächlich gibt es sehr viele gute Gründe dafür, Körperarbeit gerade und auch mit dem gesunden Hund durchzuführen. Es stellen sich viele verschiedene positive Effekte ein, wenn auf diese Weise regelmäßig mit ihm gearbeitet wird. Schauen wir uns also die wichtigsten guten Gründe für Körperarbeit einmal genauer an:

## Training der Muskulatur für eine bessere Stabilität

Eine gut ausgebildete Muskulatur ist eine wunderbare Vorsorgemaßnahme zur Gesunderhaltung des Bewegungsapparates. Zur Rumpf- und Gelenkstabilität trägt vor allem die sogenannte Haltemuskulatur bei. Ganz einfach gesagt sind dies die Muskeln, die dafür sorgen, dass der Hund stehen, sitzen oder in einer sonstigen Position einfach verharren kann. Ist diese Muskulatur gut trainiert, dann sorgt sie im Zusammenspiel mit Bändern und Sehnen bildlich gesprochen dafür, dass der Hund nicht wie eine Marionette in sich zusammenfällt.

Etwas technischer ausgedrückt sorgt sie dafür, dass der Körper gegen sein Eigengewicht und gegen die Schwerkraft in einer bestimmten Position gehalten wird. Dass dies gar nicht immer so leicht ist, wie es klingt, kann man häufig bei älteren Hunden beobachten. Sie scheinen wackelig auf den Beinen zu sein und bleiben nicht gerne längere Zeit stehen. Sie setzen sich lieber hin. In der Körperarbeit zielen vor allem die Stabilisierungsübungen auf die **Aktivierung der Haltemuskulatur** ab.

## Training zum Erhalt der Muskulatur

Ältere Hunde bewegen sich häufig nicht mehr so viel und frisch operierte oder verletzte Hunde müssen sich manchmal längere Zeit schonen. Hier gilt es aufmerksam zu sein: **Nur die regelmäßige Bewegung der gesamten Muskulatur hält diese auch fit.** Gerade beim älteren Hund ist dies ein wichtiges Thema. Hier kann durch regelmäßige gesunde Bewegung dem gefürchteten Muskelabbau (Atrophie) vorgebeugt werden. Aber nicht nur der Abbau eines nicht geforderten Muskels ist ein Problem: Ein nicht gut aufgebauter Muskel verbraucht noch dazu viel weniger Energie. Daraus ergeben sich weitere Folgen, beispielsweise auch das Übergewicht mit all seinen unangenehmen Begleiterscheinungen. In der Körperarbeit gibt es viele Bewegungsübungen, die zum schonenden Erhalt der Muskulatur beitragen können. Nach entsprechender Anleitung kann der Halter sie selbst mit seinem Hund durchführen.

## Verbesserung der Durchblutung, Nährstoff- und Sauerstoffversorgung im Körper

Eine wesentliche Voraussetzung für den Erhalt aller Körperfunktionen ist die Versorgung des Organismus mit Sauerstoff und Nährstoffen. Transportmedium hierfür ist das Blut. **Eine gute Durchblutung aller Körperbereiche ist daher ein wichtiger Beitrag zur Gesundheit.** Eine der einfachsten Möglichkeiten, für eine gute Durchblutung zu sorgen, ist regelmäßige Bewegung. Dieser Effekt lässt sich durch den normalen Spaziergang und andere Bewegungsaktivitäten mit dem Hund erreichen. In der Kör-

perarbeit können darüber hinaus bestimmte Bereiche ganz gezielt angesprochen werden. So können zum Beispiel bestimmte Übungen auch sehr gut zum Aufwärmen der Muskulatur genutzt werden, bevor ein Hund besondere sportliche Leistungen erbringen soll. Ein gut durchbluteter Muskel ist außerdem nicht nur leistungsfähiger, sondern auch weniger anfällig für Verletzungen.

## Förderung der Gelenkgesundheit

Einer der wesentlichen Bestandteile eines gesunden Gelenks ist ein intakter Gelenkknorpel. Er umschließt die gegenüberliegenden Knochenenden und sorgt im wahrsten Sinne des Wortes für die „reibungslose" Bewegung. Da der Knorpel nicht durchblutet wird, muss er auf anderem Wege mit Nährstoffen versorgt werden, nämlich über die Gelenkflüssigkeit. Die regelmäßige Bewegung aller Gelenke im vollen Bewegungsausmaß und eine gleichmäßige Be- und Entlastung der Gelenke hat hier unter anderem folgende positive Effekte: Die Bildung der knorpelernährenden Gelenkflüssigkeit wird angeregt. Dies ist gerade bei älteren Hunden wichtig, da sie nicht im gleichen Maße Gelenkflüssigkeit nachbilden wie junge

*Regelmäßig bewegte und gleichmäßig belastete Gelenke bleiben länger gesund.*

Hunde. Der Gelenkknorpel nimmt im Moment der wiederkehrenden und gleichmäßigen Be- und Entlastung – ähnlich wie ein Schwamm – wichtige Nährstoffe aus der Gelenkflüssigkeit auf. Die Versorgung mit Nährstoffen ist eine der Bedingungen für die Gesunderhaltung des Knorpels. **Ist der Knorpel gesund, kann er seine Schutzfunktion erfüllen und somit einen wichtigen Beitrag zur gesunden und schmerzfreien Bewegung leisten.**

## Beweglichkeit verbessern und erhalten

Einschränkungen in der Bewegung, die zum Beispiel aus Fehlhaltungen, aber auch bei mangelnder oder falscher Bewegung entstehen, wirken sich leider erstaunlich schnell aus. Sie führen zu schmerzhaften Verkürzungen von Muskeln und Sehnen sowie zu Verklebungen des Bindegewebes. Gerade bei älteren und nicht mehr so mobilen Hunden tritt dieses Problem häufiger auf. Mit regelmäßiger Arbeit im gesamten für die jeweiligen Gelenke möglichen Bewegungsumfang kann solchen Einschränkungen vorgebeugt werden. Die Elastizität der Muskulatur, der Bänder, der Sehnen und des gesamten Bindegewebes bleibt vor allem erhalten durch aktive Bewegung des Hundes, aber auch mithilfe passiv geführter Bewegung durch den Halter. Werden Bewegungsübungen regelmäßig durchgeführt, fallen plötzliche Veränderungen oder Einschränkungen in der Beweglichkeit viel schneller auf. Entstehende Probleme können so bereits sehr früh vom Halter erkannt werden.

## Training der Balance

In jeder Lebenslage die Balance zu halten, erfordert einen gut ausgebildeten Gleichgewichtssinn. Dies gilt nicht nur für Sport- und Rettungshunde, von denen außergewöhnliche Leistungen in diesem Bereich erwartet werden. Auch der Familienhund kann **durch ein gutes Balancetraining weniger anfällig für Verletzungen** sein, denn das Halten der Balance auf einem beweglichen oder räumlich begrenzten Untergrund fördert die Haltemuskulatur und damit die Grundstabilität. Ein weiterer ganz wichtiger Effekt ist das Training der Nervenleitbahnen. Erst die Reizweiterlei-

tung, beispielsweise nach Verspüren eines Ungleichgewichtes, führt dazu, dass die Muskulatur einen Arbeitsbefehl erhält und durch Anspannung oder eine Bewegung zur Wiederherstellung des Gleichgewichtes sorgt. Je schneller und besser diese Reizweiterleitung funktioniert, desto schneller und besser kann der Hund reagieren. Das ist logisch, oder? Und mit entsprechenden Übungen können solche Bewegungs- und Reaktionsmuster trainiert und damit irgendwann automatisiert werden, so dass sich auch die Reaktionsgeschwindigkeit verbessert. Kommt der Hund dann einmal „aus dem Tritt", kann er schneller und geübter reagieren und sich (hoffentlich) ohne Verletzung abfangen.

## Verbesserung der Koordination

Vielleicht haben Sie es schon einmal beobachtet, möglicherweise sogar beim eigenen Hund: Viele Hunde scheinen kaum oder wenig Gefühl für ihre Hinterhand zu haben. Die Vorderpfoten können kunstvoll und manchmal sogar auf Kommando rechts oder links angehoben werden, jedoch scheinen die Vierbeiner oft nicht in der Lage zu sein, ihre Hinterpfoten ganz bewusst einzeln einzusetzen und auch das Rückwärtsgehen bereitet vielen Hunden Schwierigkeiten.

Zur Verbesserung der Koordination des „Vierpfotenantriebs" unserer Hunde üben wir in der Körperarbeit unter anderem das einzelne Setzen und Bewegen der Beine und das koordinierte Zusammenspiel in der Bewegung mit einer aktiveren Hinterhand. Wozu das gut ist? **Koordinationstraining ist Arbeit für Kopf und Körper.** Der Hund lernt selbstständig – mit unserer Unterstützung – seinen „Vierpfotenantrieb" noch besser, bewusster und koordinierter als bisher einzusetzen. Wie schon beim Stichwort „Training der Balance" erklärt, gilt auch hier: Ein Hund, der jede einzelne seiner Pfoten bewusst und koordiniert einsetzen kann, ist deutlich weniger verletzungsanfällig.

*Rückwärts eine Schräge hinauf: Das erfordert eine gute Koordination.*

## Weiterentwicklung des Körpergefühls

Viele Hunde scheinen keine richtige Vorstellung davon zu haben, wo ihr Körper anfängt und endet oder auch wie groß sie sind. Sie bewegen sich wie der sprichwörtliche Elefant im Porzellanladen. Das sieht oft lustig aus und wir sprechen dann liebevoll von unseren Grobmotorikern. Tatsächlich kann es aber auch für Hunde durchaus erstrebenswert sein, etwas mehr Körpergefühl zu entwickeln, was auch dadurch geschieht, dass Balance und Koordination geübt werden. **Ein Hund mit gut ausgeprägtem Körpergefühl kann sich harmonischer bewegen.** Aber hier geht es noch ein bisschen weiter. Durch bestimmte Berührungen während der Bewegung, auch zum Beispiel durch den Einsatz mit Körperbändern, erfährt der Hund Begrenzung im positiven Sinne. Er kann dadurch im wahrsten Sinne des Wortes Selbstbewusstsein und Körperbewusstsein entwickeln und erweitert damit seine Fähigkeit und sein Vermögen, auf äußere Einflüsse zu reagieren.

## Gemeinsame Aktivität zur Stärkung der Bindung

Gemeinsames Arbeiten, soweit es in entspannter und positiver Grundstimmung geschieht, fördert die **Bindung zwischen Hund und Halter.** Darüber hinaus hat es positive Auswirkungen auf die Aufmerksamkeit des Hundes gegenüber seinem Menschen. Dies fällt vor allem bei sehr nach außen orientierten Hunden auf. Wird die Körperarbeit richtig aufgebaut, können Hunde dabei lernen, sich auf die Arbeit mit ihrem Halter zu fokussieren.

Sehr viele Übungen aus der Körperarbeit können mit einfachen Hilfsmitteln überall durchgeführt werden. Es ist deshalb sehr gut möglich, diese Art der Beschäftigung in den Alltag zu integrieren, zum Beispiel in die täglichen Spaziergänge.

## Impulskontrolle, Ruhe und Konzentration

Körperarbeit ist auch eine Art Entdeckung der Langsamkeit, denn es wird vor allem das langsame und bewusste Bewegen, das Abwarten bzw. das (teilweise körperlich anstrengende) Halten einer bestimmten Position bestätigt. Damit wird **ruhiges und konzentriertes Verhalten gefördert** und dem Hund werden im Zusammenhang damit immer wieder positive Lernerfahrungen vermittelt. Er lernt: Ruhe lohnt sich. Körperarbeit ist deshalb auch Kopfarbeit für den Hund.

Natürlich zeigt sich diese Entwicklung nicht von jetzt auf gleich. Aber Dranbleiben lohnt sich in diesem Fall unbedingt – sowohl für den Hund als auch für den Halter. Wer Erfahrung mit Yoga hat, kann das Fokussiert-Sein und Ruhe-Erlernen ganz sicher schon einmal für sich selbst bestätigen. Bei Hunden stellen sich oft mit fortschreitender Übungsdauer ganz ähnliche Effekte ein.

## Vertrauensbildung

Die Übungen in der Körperarbeit werden allmählich aufgebaut und entwickeln sich nach und nach mit dem wachsenden Leistungsvermögen des Hundes weiter. Der Hund lernt darauf zu vertrauen, dass ihm nur abverlangt wird, was er sich selbst zutraut bzw. was er sich erarbeiten kann. Es wird nicht gegen den Willen des Hundes gearbeitet, sondern er erfährt von seinem

Menschen freundliche Unterstützung, bis das Übungsziel erreicht ist. **Körperarbeit ist keine Erziehungsarbeit oder Unterordnung**. Es gibt keinen Leistungsgedanken. Es darf alles, muss aber nichts funktionieren. Der Weg ist das Ziel.

## Entwicklung von Selbstbewusstsein und Sicherheit

Ein Hund, der selbst Dinge erarbeiten darf, der mit Erfolg ausprobieren kann, der auch ungewohnte körperliche Herausforderungen zu meistern lernt, wird mit höherer Wahrscheinlichkeit ein sicherer, selbstbewusster und angstfreier Hund werden. Auch mit dem Erarbeiten der Übungen in der Körperarbeit bekommt der Hund die Möglichkeit dazu. **Er lernt, dass schwierige Aufgaben mit Geduld und Ruhe lösbar sind.** Und wenn dies körperlich funktioniert, hat es oft auch eine Wirkung auf der mentalen Ebene.

## Stressabbau und Alternativverhalten

Wir alle fühlen uns in unbekannten oder aufregenden Situationen entspannter und sicherer, wenn wir etwas tun können, das wir richtig gut können. **Rituale helfen, Anspannung abzubauen.** Zauberer beginnen ihre Show meist mit einem einfachen, aber immer erfolgreichen Trick. Bands starten ihr Konzert mit einem bekannten und beliebten Song. Comedians bringen als Erstes einen garantiert funktionierenden Gag. Das alles tun sie aber nicht nur, um das Eis zu brechen und die Zuschauer gleich für sich einzunehmen, sondern auch, um das eigene Lampenfieber herunterzufahren. Dieser Effekt, mit etwas gut Funktionierendem die eigenen Nerven beruhigen zu können, zeigt sich nicht nur beim Menschen. Er lässt sich ebenso beim Hund erzielen. Die Lieblingsübung Ihres Hundes kann also ebenso als Alternative zu unerwünschtem

Verhalten wie auch zum Stressabbau in aufregenden Situationen genutzt werden. Und diese Übung kann auch ein gut erlerntes und positiv belegtes Bewegungselement aus der Körperarbeit sein.

## Körperarbeit in der Rehabilitation

Sicherstellung/ Wiedererlangung eines gesunden Bewegungsablaufes nach abgeheilten Verletzungen. Auch wenn nicht alles in bester gesundheitlicher Ordnung ist, gibt es natürlich gute Gründe für Körperarbeit. Als Folge von Verletzungen begeben sich Hunde oft in Schonhaltungen, um Schmerzen zu vermeiden. Sie führen bestimmte Bewegungen nicht mehr oder nicht mehr vollständig aus oder belasten ihre vier Beine ungleichmäßig. Später zeigt sich häufig, dass die Schonhaltung vom Hund beibehalten wird, selbst wenn die ursprünglich verursachende Verletzung abgeheilt ist. Warum legt der Hund den ungleichmäßigen Bewegungsablauf von selbst nicht mehr ab? Manchmal liegt es daran, dass sich Muskeln und Gewebe verkürzt haben oder das Bindegewebe seine Elastizität verloren hat. Es kommt aber auch vor, dass der Hund sich ganz einfach nicht mehr traut, bestimmte Bewegungen durchzuführen, da er erneut Schmerzen befürchtet. Hier kann Körperarbeit begleitend zur medizinischen und/ oder hundephysiotherapeutischen Therapie einen guten Beitrag zur **Wiedererlangung eines**

**gesunden Bewegungsablaufes** leisten, damit sich aus der Schonhaltung kein Dauerproblem entwickelt. Unabdingbar ist in diesem Fall eine genaue Abstimmung mit dem behandelnden Tierarzt bzw. Therapeuten.

## Ausgewogene Belastung im schmerzfreien Bereich

Auch und gerade chronisch erkrankte Hunde und Schmerzpatienten müssen sich bewegen, um die **Elastizität, Durchblutung und Versorgung des Bewegungsapparates bestmöglich zu erhalten**. Diese Bewegung muss allerdings im schmerzfreien Bereich bleiben. Es ist deshalb ein ganz individuelles Vorgehen – immer in Abstimmung mit dem behandelnden Therapeuten – notwendig. Ausgewählte und genau auf den Hund angepasste Übungen aus der Körperarbeit können helfen, die lebenslang notwendige Bewegung und Belastung des Hundes sicherzustellen und die Beweglichkeit im schmerzfreien Bereich zu erhalten.

## Zu guter Letzt

Das allerschönste Argument für Körperarbeit ist aber ganz bestimmt dieses: **Es macht einfach Spaß, sich mit dem Partner Hund einmal auf etwas anderes, vielleicht ganz Neues einzulassen.** Es ist wunderbar zu sehen, wie unsere Fellfreunde selbst kreativ werden und manchmal auch ihre ganz eigene Lösung zur Absolvierung einer Übung finden. Denn alles ist erlaubt, solange das Ergebnis, also die gesunde Bewegung und Haltung, stimmt. Unsere Hunde sind allzeit bereit. Sie springen auf, sobald wir uns vom Stuhl erheben und blicken uns erwartungsvoll an. Sie freuen sich über fast jede gemeinsame Aktivität. Warum dies nicht nutzen, um viel Gutes zu erreichen?

Ich freue mich über jeden Menschen, der mit seinem Hund diese tolle Art der Teamarbeit unter Anleitung erlernen oder mit Hilfe dieses Buches ausprobieren möchte. Letzteres ist mit gesunden Hunden möglich. Hunde mit körperlichen Einschränkungen sollten jedoch nicht ohne vorherige Abstimmung mit dem behandelnden Tierarzt und/ oder Hundephysiotherapeuten mit den Übungen beginnen.

Teil 2

# Am Anfang sind die Pfoten

### Wir beginnen an der Basis

Körperarbeit hat viel mit der Vermittlung von Stabilität zu tun und die ist von sehr vielen Faktoren abhängig. Stabilität beginnt jedoch immer an der Stelle, wo Hund und Umwelt miteinander körperlich in Verbindung kommen: an der Hundepfote. Selbst wenn manche Hunde wie Flughunde wirken, wenn sie in rasantem Tempo über Felder und Wiesen laufen und dabei Gräben überspringen oder auch wenn sie munter wie ein Fisch im Wasser ihre Bahnen durch Flüsse, Seen und sogar durchs Meer ziehen – irgendwann müssen aber auch die Pfoten der noch so elegant im Trab daher schwebenden Hunde der Schwerkraft folgend wieder auf den Boden zurück. Sie tragen unseren Hund sein Leben lang über Stock und Stein, über Asphalt und Feldwege, über Waldboden und Wiesen und vieles mehr. Sie sind die Basis für alles. Wir kennen viele Redewendungen, die genau das beschreiben. „Mit den Beinen fest im Leben stehen“ zum Beispiel, „bodenständig“ oder „standfest“ zu sein, „auf dem Boden der Tatsachen“ bleiben und auch „geerdet“ zu sein. All diese Redewendungen können ebenso für unsere Fellfreunde gelten. Und deshalb beginnen wir mit genau dieser Verbindung zum Element Erde: Mit der Pfote!

## Kleine Anatomie der Hundepfote

Ein bisschen Anatomie schadet nie. Keine Sorge, es wird nicht zu speziell. Aber ein paar grundlegende Dinge möchte ich erklären, bevor es losgeht. Wenn wir die Anatomie der menschlichen Füße und Hände mit der Anatomie der Hundepfoten vergleichen, fällt als Erstes auf, dass der Hund im Gegensatz zum Menschen **ausschließlich auf seinen Zehenballen läuft**. Man kann sich das ganz gut vorstellen, wenn man die Hundepfote und die Menschenhand bzw. den Fuß einfach einmal nebeneinander betrachtet. Stellen Sie sich auf die Zehenspitzen (eigentlich Zehenballen). Genau so steht Ihr Hund tagtäglich auf seinen Hinterpfoten.

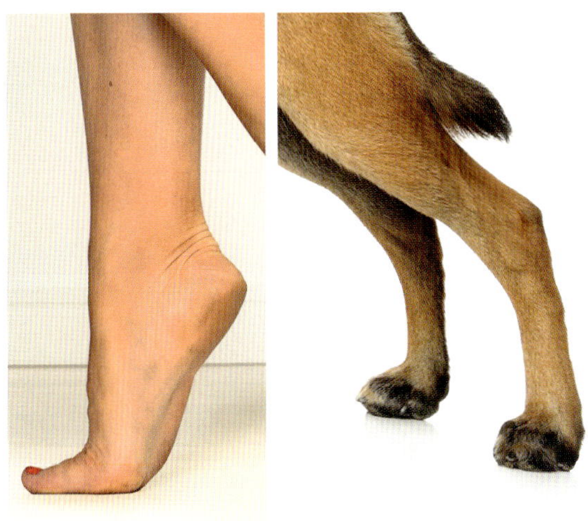

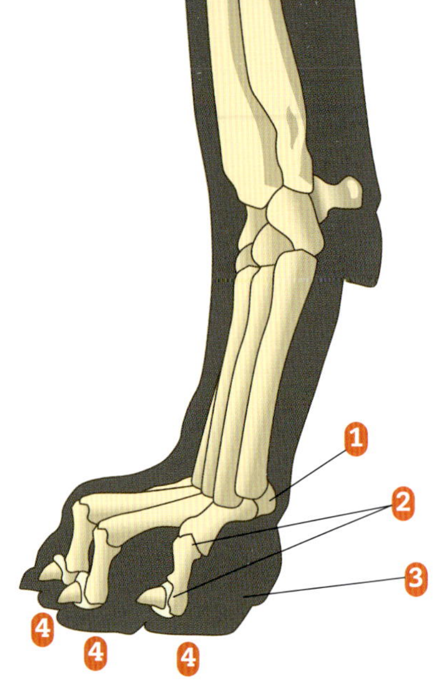


1 Zehengrundgelenke
2 Zehengelenke
3 Mittelhandballen
4 Zehenballen

Schauen wir uns nun die Hundepfote etwas genauer an. Jede Zehe hat einen eigenen Ballen und jede Pfote darüber hinaus einen Mittelfuß- bzw. Mittelhandballen. **Die Ballen des Hundes sind besonders stark ausgeprägt.** Sie bestehen aus stabilem Bindegewebe, in das Körperfett eingelagert ist. Das Fett sorgt dafür, dass jeder Ballen wie ein kleines Gelkissen als Stoßdämpfer wirken kann. Diese Stoßdämpferfunktion ist wichtig zum Schutz der Zehengelenke. Wie es sich anfühlt, wenn ein Knochen bzw. ein Gelenk ohne Stoßdämpfung mit dem eigenen Körpergewicht belastet wird, kann man im Selbstversuch ganz einfach ausprobieren: Man begebe sich in den Vierfüßerstand und bewege sich nicht auf Händen und Füßen, sondern stattdessen auf Knien und Ellenbogen vorwärts. Ganz schön unangenehm, nicht wahr? Die Haut der Ballen ist fest und oft leicht verhornt, aber dennoch so empfindlich, dass sie als sensibles Tastinstrument dienen kann. Im Allgemeinen haben Hunde an den Vorderpfoten fünf Zehen. Ausnahmen hiervon gibt es sehr selten. Eine ist der Norwegische Lundehund. Er hat rassespezifisch an jeder Pfote mindestens sechs Zehen, was neben einigen weiteren anatomischen Besonderheiten seiner ursprünglichen Aufgabe (Jagd auf Papageientaucher) geschuldet ist.

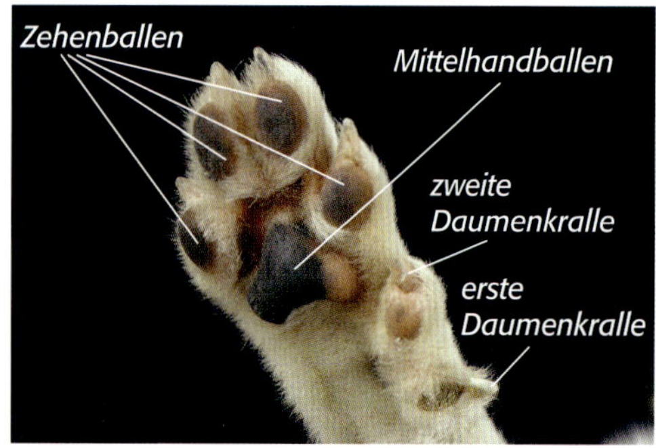


*Der Norwegische Lundehund hat rassespezifisch an jeder Pfote mindestens sechs Zehen.*

*Bei diesem jungen Beauceron sind die Wolfskrallen an den Hinterläufen gut zu erkennen.*

In der Medizin werden die Zehen (wie auch beim Menschen) von innen nach außen gezählt. Der „Daumen" ist demnach der erste Zeh und der ganz außen liegende der fünfte Zeh. **Weil beim Hund mehr Körpergewicht auf der Vorderhand lastet als auf der Hinterhand, sind die Laufflächen der Vorderpfoten immer etwas größer und breiter als die der Hinterpfoten.** An den Hinterpfoten haben die meisten Hunde vier Zehen. Bei einigen Hunden ist darüber hinaus an der Innenseite eine sogenannte „Wolfskralle" vorhanden. Auch hier gibt es rassespezifische Besonderheiten. So tragen beispielsweise der Beauceron und der Briard sogar doppelte Wolfskrallen. Die „Wolfskrallen" an der hinteren und die „Daumen" an der vorderen Pfote berühren beim Laufen nie den Boden und nutzen sich daher nicht in gleicher Weise ab wie die anderen Krallen. Die Zehen, auf denen der Hund läuft, bestehen aus jeweils drei Zehengliedern, von denen das jeweils vordere auch „Krallenbein" genannt wird, da es die Kralle trägt. Jeweils wie eine Verlängerung der Zehen schließen sich die einzelnen Mittelfuß- bzw. Mittelhandknochen an, die schließlich in die Fuß- bzw. Handwurzelknochen übergehen. Aber soweit schauen wir jetzt nicht. Für den ersten Einblick in die knöchernen Strukturen soll dies genügen.

Die Hundepfote ist ein komplexes Gebilde. Jede einzelne Zehe wird von mehreren Nervenbahnen durchzogen, sowohl auf der Ober- als auch auf der Unterseite. **In der Hornhaut der Ballen sitzen sogenannte Mechanorezeptoren, das sind winzige Druckfühler, die zum Beispiel für die Wahrnehmung von Bodenunebenheiten verantwortlich sind.** Wenn ein Hund beispielsweise mit der linken Pfote auf einen spitzen Stein tritt und daraufhin sein Körpergewicht nach rechts verlagert, dann waren die Mechanorezeptoren als „Melder" des durch den Stein entstandenen Druckreizes an dieser Ausgleichsbewegung beteiligt. Als Informationsübermittler haben hier die Nervenbahnen mitgearbeitet und sie gaben auch den Impuls an die Muskulatur weiter, der schließlich zur Aus-

gleichsbewegung geführt hat. Es gibt viele weitere Rezeptoren, die überall in Haut, Unterhaut, Bindegewebe, Sehnen und Gelenken sitzen. Diese messen Wärme und Kälte, Schmerzreize, Druck- und Zugbelastungen und vieles mehr. Sie reagieren zum Beispiel auf zu stark gedehnte Muskeln und Sehnen, aber auch auf falsche Belastungen von Gelenken. Ihre Messergebnisse können reflexhafte Reaktionen (zum Beispiel Anspannung, Bewegung, Entspannung) auslösen. Sie können aber auch Schmerz melden mit der Folge, dass bestimmte Berührungen oder Bewegungen vermieden und eventuell auch Schonhaltungen eingenommen werden. Diese Rezeptoren sitzen natürlich nicht nur in der Hundepfote. Aber die Hundepfote steht im direkten Kontakt zu jedem vom Hund betretenen Untergrund. In ihr findet unfassbar viel Rezeptorenarbeit statt. Mit jedem Schritt wird der Untergrund erfühlt, Bewegung analysiert, es werden Unebenheiten ausgeglichen, Sprünge abgefedert, es wird Halt gesucht und meist gefunden. Und dies alles auf Steinboden, Parkett, Asphalt, Waldboden, Sandstrand, Kiesweg, Schnee, Eis, Matsch, Felsen und Geröll und dann auch noch sowohl auf manchmal eiskaltem wie auch auf sehr warmem Untergrund. Ist das nicht phantastisch?

## Pfotenpflege

Alles bis hierher Beschriebene sollte allein schon Grund genug sein, diesem sensiblen Körperteil des Hundes besondere Aufmerksamkeit zu schenken. Hinzu kommt ein weiterer sehr wichtiger Aspekt, den ich hier zumindest kurz anreißen möchte. **Es geht um die Krallen des Hundes. Ihre Länge hat einen ganz erheblichen Einfluss darauf, wie der Hund auf seinen Pfoten steht.** Sind sie zu lang, muss der Hund zwangsweise das Gewicht auf den jeweils

*Zu lange oder gar rundgewachsene Krallen müssen unbedingt fachgerecht gekürzt werden.*

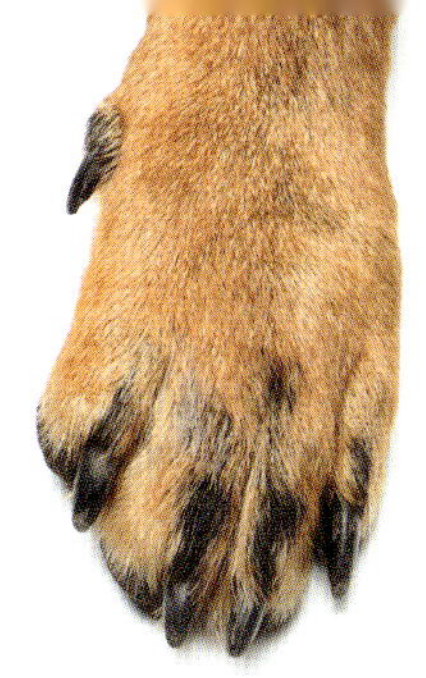



hinteren Pfotenballen verlagern, um nicht vorne auf den Krallen zu stehen. Dadurch kommt es nicht nur zu einer Verlagerung der gesamten Statik des Hundes und damit zu Fehlhaltungen, sondern letztendlich auch zu einem unsauberen Gangbild, das wiederum muskuläre Probleme nach sich ziehen kann. Es ist ja eigentlich ganz einfach, sich das vorzustellen: Ein Abrollen der Pfote während des Laufens vom hinteren Ballen über den Zehenballen nach vorne ist einfach nicht möglich, wenn dort die zu langen Krallen die Bewegung stoppen. **Je länger die Krallen werden, desto mehr muss der Hund seine Pfotenstellung anpassen und desto größer wird das Problem.** Dennoch wird den Krallen und deren Pflege oft leider nicht die notwendige Aufmerksamkeit geschenkt.

Aber nicht nur zu lange Krallen können zu Problemen führen, die sich im gesamten Bewegungsapparat fortsetzen. Gerade bei Hunden mit starkem Haarwuchs unter den Pfoten und zwischen den Zehen bilden sich oft aus Erde, Pflanzenfasern, Feuchtigkeit und dem Fell kleine Knubbelchen, die steinhart werden und die empfindliche Zwischenzehenhaut reizen und sogar aufscheuern können. Das muss sich für Hunde so ähnlich anfühlen, wie es bei uns ist, wenn wir einen kleinen Stein im Schuh haben. Nur kann der Hund diesen nicht ohne Weiteres herausschütteln. Manchmal fällt es auf, dass der Hund sich lange und ausgiebig die Pfoten beknabbert. Spätestens dann sollte sehr sorgfältig überprüft werden, was dahinter steckt. Auch plötzlich auftretende massive Lahmheiten haben gar nicht so selten ihre Ursache in einer nicht erkannten Verletzung oder einem Fremdkörper im Zwischenzehenbereich. **Nehmen Sie sich deshalb einfach vor, die Pfoten Ihres Hundes einmal täglich sorgfältig durchzutasten.** Das kann eine Routine nach dem ersten oder letzten tägli-

chen Spaziergang sein. Wenn Sie die später beschriebene Pfotenmassage regelmäßig durchführen, werden Sie auch dabei Veränderungen oder Fremdkörper meist sehr schnell auffinden.

## Grundsätzliches zur Pfotenarbeit

Wenn wir unmittelbar an den Pfoten unserer Hunde arbeiten möchten, benötigen wir dafür nicht nur ihr Vertrauen und ihre Geduld, sondern müssen ihnen auch respektvoll begegnen. Zur Erinnerung: Körperarbeit ist keine Erziehung! **Hier wird auf Basis von Kooperation und gegenseitigem Vertrauen gemeinsam gearbeitet.** Manche Hunde lassen sich nicht gerne an den Pfoten berühren. Die Ursachen können vielfältig sein. Sie haben vielleicht schlechte Erfahrungen beim Krallenschneiden gemacht, wurden gegen ihren Willen festgehalten oder aber – und das ist gar nicht so selten – sie sind einfach kitzelig. Deshalb sind ein paar Punkte zu beachten, damit die Körperarbeit an den Pfoten eine schöne Erfahrung mit entsprechend positiven Auswirkungen auf das Wohlbefinden wird. Für alle vorgestellten Einzelübungen gilt deshalb:

*Halten Sie die Pfote Ihres Hundes niemals fest und ignorieren Sie keinesfalls, wenn Ihr Hund die Berührung seiner Pfoten als unangenehm empfindet oder gar droht!*

**Halten Sie die Pfote Ihres Hundes niemals fest. Wenn er sie zurückziehen möchte, dann akzeptieren Sie das und führen erst einmal nur die Übungen durch, die gut machbar sind.** Mit jeder erfolgreichen Übungseinheit wird Ihr Hund sich mehr an diese Arbeit gewöhnen. Wenn er dabei die wichtige Erfahrung machen darf, dass nichts erzwungen wird, wird er sich im Laufe der Zeit nicht nur leichter, sondern insgesamt auch schneller auf neue Übungen und Berührungen einlassen können. Darüber hinaus lernt er, Ihnen zu vertrauen. Umgekehrt gilt allerdings auch: **Achten Sie sehr gut auf die Reaktion Ihres Hundes, wenn Sie mit der Pfotenarbeit beginnen.** Manche Hunde betrachten ihre Pfoten als eine höchstpersönliche Intimzone und reagieren sehr unwirsch auf Berührungen. Wenn Sie also ein „Einfrieren" Ihres Hundes erleben, deutliche Beschwichtigung oder auch Drohverhalten wahrnehmen, dann übergehen Sie dies bitte auf keinen Fall. Sie sollten mit der Pfotenarbeit dann aus Sicherheitsgründen nicht allein, sondern nur mit fachkundiger Begleitung beginnen. Nachfolgend werden fünf Übungsbereiche mit jeweils dazu passenden Einzelübungen vorgestellt. Die Übungsbereiche selbst können grundsätzlich in beliebiger Reihenfolge erarbeitet werden.

### Ein Tipp vorweg: Pfoten benennen

Es ist immer hilfreich, die Pfoten des Hundes zu benennen, um ihm auch verbal deutlich zu machen, worum es jetzt gleich gehen wird. Während ich oft „Pfote links" und „Pfote rechts" höre oder auch „hinten links" und „hinten rechts", fiel mir während der Arbeit an diesem Buch die ganz pragmatische Vorgehensweise einer Patientenhalterin auf. Sie hat die Pfoten ihres Hundes schlicht im Uhrzeigersinn durchnummeriert. Wann immer aus irgendwelchen Gründen etwas an den Pfoten passieren muss, macht sie ihren Hund vorher darauf aufmerksam. Er weiß, „eins" bedeutet linke und „zwei" rechte Vorderpfote. „Drei" ist die rechte Hinterpfote und „vier" die linke Hinterpfote. Ich finde, das ist eine sehr gute und einfache Idee, die ich seither auch gerne weiterempfehle.

*Eine gute Vorbereitung auf die Übungen ist das Benennen der Pfoten bei jeder Berührung.*

## Übungsbereich 1 Berührungsübungen

### Worum geht es?

In diesem Übungsbereich geht es darum, dem Hund mit verschiedenen Formen einfacher Berührung der Pfoten zu vermitteln, dass er sich vertrauensvoll in unsere Hände begeben kann. Er lernt, dass die **Berührung der Pfoten nicht grundsätzlich mit Manipulation (wie beispielsweise Krallenschneiden) verbunden ist.** Vor allem dann,

wenn Ihr Hund Berührungen seiner Pfoten (noch) nicht so gerne zulässt, ist dies eine gute Vorbereitung auf die später folgenden Halteübungen und auf die Pfotenmassage. **Falls Ihr Hund kitzelig an den Pfoten ist, bedenken Sie: Je leichter und oberflächlicher die Berührung, desto mehr kitzelt es.** Legen Sie also ruhig etwas mehr Gewicht in die Berührung.

## Einzelübung 1.1 Pfotensandwich

Diese Übung führen Sie am besten an Ihrem entspannt auf der Seite liegenden Hund durch. Legen Sie zuerst eine Hand unter eine seiner Vorderpfoten, so dass Sie seine Pfotenballen spüren. Wenn er die Pfote so liegen lässt, legen Sie Ihre andere Hand flach über seine Pfote und bilden so das Sandwich. Wenn Ihr Hund entspannt ist, können Sie jetzt ein ganz klein wenig Ihre Hände zusammendrücken, so dass Sie seine Pfote in all ihren Einzelheiten deutlich auf Ihren Handinnenflächen spüren. **Halten Sie die Pfote Ihres Hundes auf diese Weise einfach eine Weile, mit mal etwas mehr und mal etwas weniger Druck.** Dann nehmen Sie die Hände nacheinander wieder fort, zuerst die oben auf der Pfote liegende Hand und danach die unter dem Pfotenballen liegende. Wiederholen Sie die Übung nun an der anderen Vorderpfote und danach in gleicher Weise an den Hinterpfoten.

Wie lange Sie die Pfote jeweils in der Sandwichposition halten, sollten Sie an der Reaktion Ihres Hundes festmachen. Ist Ihr Hund bei der Übung völlig entspannt und voller Vertrauen, dann halten Sie die Position 20 bis 30 Sekunden und nehmen dann Ihre Hände nacheinander wieder fort.

Wenn Ihr Hund nicht so entspannt ist, halten Sie die Position nur so lange, wie es ohne seinen Widerstand möglich ist. Besser ist es dann, mit kurzen Zeiten (zum Beispiel fünf Sekunden) zu beginnen und die **Dauer der Berührung ganz langsam und allmählich zu steigern**. Zieht Ihr Hund die Pfote zurück, dann unternehmen Sie einen neuen Versuch zunächst an einer

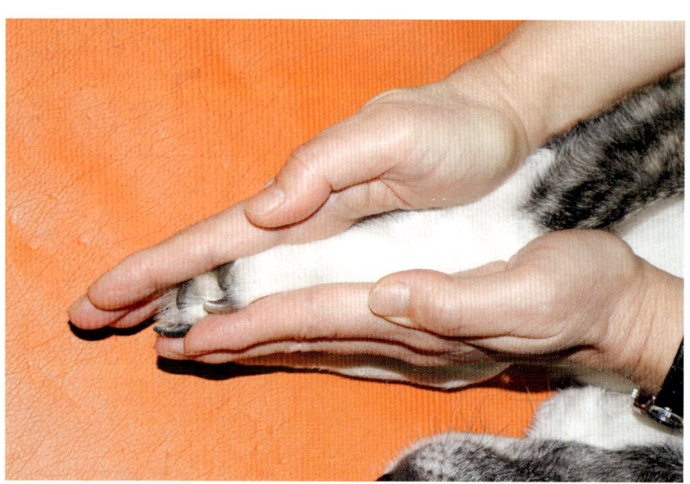

*Legen Sie Ihre Hände sanft unter und über die Pfote Ihres Hundes und bilden so das Pfotensandwich.*

anderen Pfote mit deutlich kürzerer Dauer. Wenn auch das noch zu schwierig für Ihren Hund ist, legen Sie für den Anfang nur Ihre Hand unter die Pfote und setzen Ihre zweite Hand erst dann ein, wenn er Ihre Hand unter seinem Pfotenballen mindestens fünf Sekunden toleriert, ohne die Pfote wegzuziehen. **Je hibbeliger Ihr Hund ist, desto wichtiger ist es, dass Sie bei der Übung ganz ruhig und entspannt bleiben.**

## Einzelübung 1.2 Pfote umfassen

Dies ist die Steigerung des Pfotensandwiches, weil nun die Pfote des Hundes rundherum umfasst wird. Wenn der Hund bereits verstanden hat, dass er nicht gegen seinen Willen festgehalten wird, dann sollte ihm diese Übung nicht allzu schwer fallen. Auch diese Übung lässt sich am einfachsten durchführen, wenn er bequem und entspannt auf der Seite liegt. **Legen Sie nun einfach Ihre Hand um eine seiner Vorderpfoten, so dass Sie seine Ballen mit Ihren Fingern und seinen Pfotenrücken mit Ihrer Handinnenfläche berühren.** Je entspannter Ihr Hund dabei schon ist, desto eher können Sie nun leichten Druck mit den Fingern auf die Ballen ausüben.

Sollte Ihr Hund seine Pfote wegziehen, beginnen Sie einfach noch einmal an einer anderen Pfote von vorne und verringern die Druckstärke. Für den Anfang reicht es auch völlig aus, wenn Sie die Pfote Ihres Hundes ohne Druck einfach nur umfassen und einige Sekunden so halten können. Bitte beachten Sie auch hierbei unbedingt: Die Pfoten sollen nicht festgehalten werden! Die Übung wird nacheinander zuerst an den Vorderpfoten und danach an den Hinterpfoten durchgeführt.

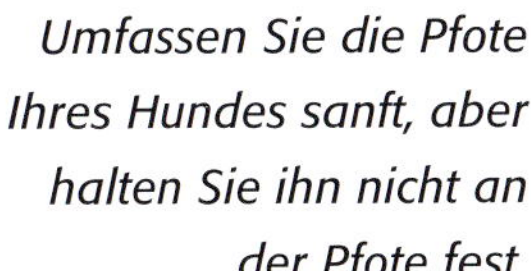

*Umfassen Sie die Pfote Ihres Hundes sanft, aber halten Sie ihn nicht an der Pfote fest.*

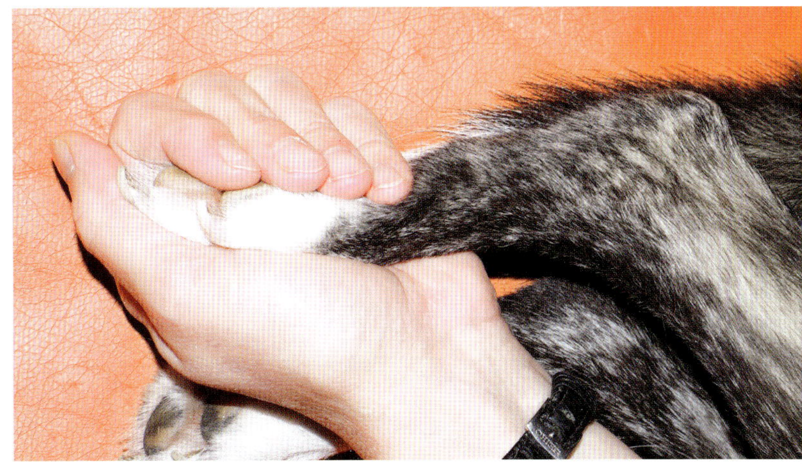

# Übungsbereich 2

## Halteübungen

### Worum geht es?

In diesem Übungsbereich wird das Prinzip von Druck und Gegendruck genutzt, um bestimmte Positionen zu halten. Dabei wird nicht nur Muskelarbeit geleistet. Diese ist genau genommen nur das Ergebnis dessen, was sich vorher im Körper abgespielt hat: Nämlich die Wahrnehmung eines drohenden Ungleichgewichts durch die Rezeptoren, die Weiterleitung dieser Information mit Hilfe des Nervensystems und schließlich als Reaktion darauf die Aktivierung der Haltemuskulatur. Trainiert wird hier also nicht nur der Muskel, sondern das Reaktionsvermögen des Bewegungsapparates insgesamt.

**Halteübungen sind immer Ganzkörperübungen, da sie nie nur auf einzelne Bereiche des Körpers wirken.** Es handelt sich also nicht um spezielle „Pfotenübungen". Dennoch habe ich die nachfolgend beschriebenen Übungen bei den Pfoten eingeordnet, weil es ganz klassische Basisübungen der Körperarbeit sind. Sie ermöglichen Ihnen und Ihrem Hund eine sehr direkte Wahrnehmung von Stabilität, Gewichtsverteilung und Ausgleichsbewegung. Hinzu kommt bei der hier beschriebenen Form der Halteübungen aber noch ein weiterer Aspekt, der einen wesentlichen Teil der Körperarbeit ausmacht: Es ist der **Aufbau von Vertrauen**, da hier beide Partner, Mensch und Hund, gemeinsam

*Ihre Pfote auf die Hand des Halters abzusetzen, finden die meisten Hunde erst einmal gewöhnungsbedürftig.*

daran beteiligt sind, das Gleichgewicht zu halten. Probieren Sie es aus, ich bin sicher, Sie werden es spüren.

## Einzelübung 2.1 Vorderpfote auf die Hand im Sitzen

Bei dieser Übung sitzt Ihr Hund und Sie hocken oder sitzen vor ihm. Fahren Sie jetzt mit Ihrer rechten Hand von oben nach unten an seinem linken Vorderbein herunter, umfassen Sie leicht seine Pfote. Ab hier gibt es zwei mögliche Reaktionen des Hundes. Entweder hebt er nun die umfasste Pfote leicht an, so dass Sie Ihre Handinnenfläche komplett unter seine Pfote schieben können. Dann müssen Sie nur noch darauf warten, dass er die Pfote wieder absetzt, und zwar mit Ihrer flachen Hand darunter. Es kann aber auch sein, dass er die Pfote einfach stehen lässt. In diesem Fall versuchen Sie bitte mit den Fingern ganz leicht unter die Pfote Ihres Hundes zu wandern. Sobald er die Pfote ein klein wenig anhebt, schieben Sie Ihre Hand flach darunter und warten nun auch einfach ab, bis er die Pfote wieder absetzt und dann damit auf Ihrer flachen Hand steht.

Lassen Sie Ihre Hand nun einfach so liegen und fühlen und beobachten Sie, wie Ihr Hund eventuell seine Haltung verändert. Belastet er die Pfote, mit der er auf Ihrer Hand steht ganz normal? Oder entlastet er sie? Er wird das vermutlich erst einmal seltsam finden, aber mit ein wenig Geduld und freundlicher Ansprache sollte er sich schnell daran gewöhnen. **Ziel der Übung ist, dass Ihr Hund ganz entspannt sitzt, beide Vorderpfoten gleichmäßig belastet, obwohl eine davon etwas höher und etwas wackeliger auf Ihrer Hand steht.** Beenden Sie die Übung mit einem Signalwort[1], zum Beispiel „Ende“, damit Ihr Hund

1 Das Signalwort zum Beenden der Übung sollten Sie auch bei allen anderen Übungen nutzen.

versteht, wann er von Ihrer Hand wieder heruntersteigen soll. **Ziehen Sie nicht Ihre Hand weg, sondern lassen Sie Ihren Hund selbst heruntersteigen.**

Dann führen Sie die Übung bitte in gleicher Weise auch mit Ihrer linken Hand durch. Also rechte Hand unter der linken Pfote und linke Hand unter der rechten Pfote.

## Einzelübung 2.2 Vorderpfote auf die Hand im Stehen

Diese Übung sollten Sie erst dann durchführen, wenn Ihr Hund bereits verstanden hat, dass es in Ordnung ist, auf Ihren Händen zu stehen. Der Aufbau funktioniert ganz genauso wie bei der Übung am sitzenden Hund. Sie fahren wieder mit Ihrer rechten Hand am linken Vorderbein Ihres Hundes herunter bis hin zur Pfote und bringen Ihre flache Hand darunter. Die Übung im Stehen ist für Ihren Hund deshalb anspruchsvoller, weil im Stehen sein Körpergewicht überwiegend auf den Vorderbeinen ruht. Er muss sich stärker als bei der Übung im Sitzen darauf verlassen, dass Sie Ihre Hand auch unter seiner Pfote liegen lassen. In dieser Position muss er stärker als im Sitzen ausgleichen, da er mit einer Pfote etwas höher und etwas wackeliger steht. **Auch diese Übung wird sowohl links als auch rechts geübt, bis Ihr Hund ganz entspannt und stabil, mit möglichst gleichmäßiger Belastung aller Pfoten steht.**

Solange Sie die Übungen 2.1 und 2.2 durchführen, haben Sie immer eine Hand frei und können damit Ihrem Hund für das Halten der Position auch eine leckere Belohnung zukommen lassen. Ich empfehle zusätzlich verbal zu belohnen, da Sie bei einigen weiteren Übungen nicht mehr beide Hände frei haben werden.

*Mit der Vorderpfote auf der dargebotenen Hand stehen: Suerte kennt das bereits sehr gut.*

## Einzelübung 2.3 Vorderpfotenheber

Erst wenn Ihr Hund ganz entspannt mit jeweils einer seiner Vorderpfoten auf Ihren Händen stehen kann, steigern wir den Schwierigkeitsgrad ein wenig. Jetzt soll er gleichzeitig mit beiden Vorderbeinen auf Ihren beiden Händen stehen. **Diese Übung erfordert vor allem bei großen Hunden eine gute Koordination und ein gutes gegenseitiges Verständnis.** Tasten Sie sich langsam an die Übung heran. Ihr Hund kennt nun schon das Herunterfahren mit Ihrer Hand an seinem Vorderbein und weiß, dass er anschließend seine Pfote auf Ihrer Hand abstellen soll. Nun fahren Sie mit beiden Händen gleichzeitig jeweils am rechten und linken Vorderbein des vor Ihnen stehenden Hundes herunter und legen Ihre flachen Hände unter seine Pfoten. Ihr Hund sollte nun mit seiner linken Pfote auf Ihrer rechten Hand und mit seiner rechten Pfote auf Ihrer linken Hand stehen. Halten Sie diese Position so lange, bis Ihr Hund sich daran gewöhnt hat und entspannt steht. Sie können dabei jede Gewichtsverlagerung sehr schön spüren.

Und nun wird es interessant: Denn **jetzt provozieren Sie selbst eine kleine (!) Gewichtsverlagerung, auf die Ihr Hund reagieren muss, um in der Balance zu bleiben.** Bei kleineren Hunden heben Sie Ihre Hände dazu beide gleichzeitig minimal an. Wenn das aufgrund des Gewichtes Ihres Hundes nicht möglich ist, kippen Sie einfach beide Hände ein klein wenig an, als würden Sie Ihren Hund von Ihren Händen herunterschieben wollen. Allerdings nur gerade so viel, dass er eben nicht heruntersteigt.

*Suerte kennt das Anheben der Pfoten und lässt sich ganz vertrauensvoll darauf ein.*

Beginnen Sie mit ein bis zwei Sekunden. Danach senken Sie Ihre Hände wieder ab, warten noch einen kleinen Moment und geben Ihrem Hund dann das Signal für das Ende der Übung. **Ziel ist, dass Ihr Hund auch während dieser minimalen gleichzeitigen Anhebung seiner Pfoten ganz vertrauensvoll auf Ihren Händen stehen bleibt.** Die Übung kann in ihrem Schwierigkeitsgrad gesteigert werden, indem die Dauer der Anhebung verlängert wird. Eine andere Möglichkeit besteht darin, die Hände nicht gleichzeitig, sondern nacheinander oder auch gegenläufig zu heben und wieder zu senken. Es kommt hier aber nicht darauf an, die Hände möglichst hochzuheben. **Bitte heben Sie bei allen Varianten dieser Übung die Hände immer nur minimal und gerade nach oben vom Boden.**

Vordergründig geht es bei dieser Übung um das Ausgleichen einer geringen Gewichtsverlagerung auf instabilem Untergrund (Hände) durch Aktivierung der Haltemuskulatur. Hier und auf die beschriebene Weise durchgeführt geht es bei der Übung aber tatsächlich vor allem um die **gemeinsam gefühlte und synchronisierte Bewegung**. Ihr Hund reagiert auf Ihre Bewegung und Sie reagieren wiederum auf die Bewegung Ihres Hundes.

Falls die Übung gar nicht gelingen mag und Ihr Hund bei Bewegung immer gleich wieder von Ihren Händen heruntersteigt, üben und bestätigen Sie einfach zuerst eine Weile nur das Stehen auf Ihren Händen ohne Bewegung.

## Einzelübung 2.4 Hinterpfote auf die Hand im Stehen

Mit dieser Übung fördern wir das Bewusstsein des Hundes für seine Hinterpfoten und wir aktivieren außerdem seine Wahrnehmung für einzelne Bewegungen des rechten und des linken Hinterbeins. Während Hunde in der Regel ein gutes Gefühl für den Umgang mit ihren Vorderpfoten haben, diese oft einzeln und auf Kommando sogar sehr gezielt einsetzen können (dazu folgen später auch noch Übungen), tun sie sich leider oft mit der Koordination ihrer Hinterpfoten sehr viel schwerer. **Es lohnt sich sehr, an einer verbesserten Koordination und einem guten Gefühl für die Hinterhand zu arbeiten.** Je bewusster der Hund die Bewegung seiner Hinterpfoten koordinieren kann, desto besser kann er sie einsetzen, um immer in der Balance zu bleiben.

Die erste Übung wird ähnlich wie die Übung für die Vorderpfoten durchgeführt. Allerdings ist die Ausgangsposition eine etwas andere: Ihr Hund steht und Sie hocken oder sitzen hinter ihm. Nun fahren Sie mit Ihrer rechten Hand an seinem rechten Hinterlauf herab bis hin zur Pfote und schieben dann sanft Ihre Handfläche unter seine rechte Pfote.

Jetzt können Sie Ihre Hand dort einfach eine Weile liegen lassen und spüren, wie Ihr Hund darauf reagiert. Eventuell wird er das Gewicht nun auf seine linke Hinterpfote verlagern, weil er es seltsam findet, auf Ihrer Hand zu stehen. Dann halten Sie

*Achten Sie bei der Übung darauf, die Pfote Ihres Hundes nicht nach vorne zu schieben oder nach hinten zu ziehen.*

ruhig mit der linken flachen Hand, die an seinem linken Oberschenkel liegen sollte, ein klein wenig dagegen. Steht er gerade, bestätigen Sie ihn verbal oder mit einer ruhig durchgeführten Streichung. **Achten Sie bei der Übung darauf, dass Sie die Hinterpfote nicht nach vorne schieben, wenn Sie Ihre Hand darunter legen.** Ihr Hund sollte gerade stehen, seine Hinterpfote weder zu weit unter dem Körper nach vorne noch zu weit nach hinten ausgestellt sein. Er sollte außerdem seine beiden Hinterbeine gleichmäßig belasten. Beenden Sie auch diese Übung mit Ihrem Signalwort für „Ende", damit Ihr Hund weiß, wann er von Ihrer Hand wieder heruntersteigen soll.

Der gleiche Übungsablauf wird dann mit der linken Hand und der linken Hinterpfote durchgeführt. Achten Sie einmal darauf, welche Seite Ihrem Hund leichter fällt. Die meisten Hunde haben eine „Schokoladenseite". Arbeiten Sie immer etwas intensiver mit der Seite, die Ihrem Hund schwerer fällt. So kann im Laufe der Zeit dieses Ungleichgewicht ausgeglichen werden.

Einige Hunde haben mit dieser Übung Schwierigkeiten, weil sie ihren Menschen dabei nicht ansehen und somit nicht auf dem gewohnten Wege kommunizieren können. Sie drehen sich immer wieder um und mögen nicht gerade stehen bleiben. Falls Sie das mit Ihrem Hund so erleben, dann bleiben Sie einfach geduldig und erzwingen Sie nichts. **Wenn Ihr Hund Ihnen seitlich zugewandt steht, während Sie das erste Mal Ihre Hand unter eine seiner Hinterpfoten legen, ist das für den Anfang auch völlig in Ordnung.** Arbeiten Sie mit ganz viel Ruhe, dann wird er sich an die Übung gewöhnen und schafft es irgendwann auch, geradeaus stehen zu bleiben.

## Einzelübung 2.5 Hinterpfotenheber

Diese Übung ist als Fortsetzung und mit gesteigertem Schwierigkeitsgrad erst dann geeignet, wenn Ihr Hund bereits gelernt hat, mit jeweils einer Hinterpfote auf einer Ihrer Hände zu stehen. Jetzt gehen Sie einen Schritt weiter und versuchen **gleichzeitig Ihre rechte Hand unter seiner rechten Hinterpfote und Ihre linke Hand unter seiner linken Hinterpfote zu platzieren**. Die Ausgangsposition ist so wie bei der Einzelübung „Hinterpfote auf die Hand im Stehen“: Sie sitzen oder hocken hinter Ihrem Hund, fahren mit den Händen rechts und links an seinen Hinterbeinen abwärts bis zu den Pfoten. Jetzt beginnen Sie auf der Seite, bei der Ihrem Hund das Aufsetzen seiner Hinterpfote auf Ihre Hand schwerer fällt, und schieben dort, wie schon geübt, Ihre Hand unter seine Pfote. Sobald er entspannt steht, können Sie nun versuchen, vorsichtig mit der anderen Hand unter seine andere Pfote zu wandern. Wenn Ihr Hund unruhig wird, halten Sie einfach Ihre Hände ganz still. Versuchen Sie NICHT, seine Hinterpfoten festzuhalten. Er soll aus freien Stücken auf Ihren Händen stehen. Loben Sie ihn verbal, wenn er ruhig stehen bleibt.

*So soll es aussehen: Suerte steht mit ihren Hinterpfoten entspannt auf den Händen der Autorin.*

*Halteübungen wie der Hinterpfotenheber sind eine sehr gute Vorbereitung für viele spätere Übungen in der Körperarbeit.*

Für den Anfang ist es völlig ausreichend, wenn Sie mit Ihrem Hund für ein paar Sekunden in dieser Position verharren und einfach seinen Bewegungen nachspüren. Sie werden es in Ihren Handflächen spüren, ob er sein Gewicht verlagert, um sich zunächst auszubalancieren, wie lange dies dauert oder ob er von Beginn an stabil steht.

Sobald Ihr Hund mindestens zehn Sekunden stabil stehen kann, können Sie einmal ganz vorsichtig versuchen, Ihre Hände gleichzeitig um wenige Millimeter anzuheben oder auch einfach nur Ihre Hände gleichzeitig in eine ganz leichte Aufwärtsbewegung zu bringen. Aber Achtung: **Es geht hier keinesfalls darum, den Hund so hoch wie möglich anzuheben!** Entscheidend ist einzig, dass eine kleine vertikale Bewegung stattfindet, da diese ein erneutes Ausbalancieren des Hundes erfordert. Und nur darauf kommt es in diesem Moment an. Deshalb ist diese Übung mit leichten Hunden auch nur scheinbar einfacher durchzuführen. Je schwerer der Hund, desto weniger vorsichtig muss das Heben dosiert werden, je leichter, desto stärker muss darauf geachtet werden, ihn eben nicht plötzlich viel zu hoch anzuheben. Ein bis maximal zwei Zentimeter sind völlig ausreichend.

Klappt das gleichzeitige leichte Anheben ohne Probleme, können die Hinterpfoten auch nacheinander abwechselnd für jeweils ca. drei Sekunden angehoben werden. Sie können dabei die jeweils angehobene Pfote benennen.

**Seien Sie bei dieser Übung sehr achtsam. Muten Sie Ihrem Hund nicht zu viel auf einmal zu.** Mit den Hinterpfoten auf etwas sich selbst Bewegendem stehen zu bleiben erfordert Vertrauen und eine gute Balance. Selten klappt es auf Anhieb. Und gerade deshalb ist es auch wichtig, dass Sie Ihren Hund nur ganz geringfügig anheben.

Die hier erläuterten Halteübungen sind eine sehr gute Vorbereitung für alle späteren Übungen in der Körperarbeit, in denen es um das Ausbalancieren auf beweglichen und instabilen Untergründen geht.

## Übungsbereich 3 Pfotenmassage

Was die Pfotenmassage so besonders macht: An den Pfoten beginnen bzw. enden viele Nervenbahnen und die Pfoten stehen durch die in ihnen liegenden Druck- und anderen Rezeptoren mit dem Rest des Körpers in stetiger Verbindung und in einem Informationsaustausch. Dieses Prinzip macht sich die beim Menschen recht bekannte **Fußreflexzonentherapie** zunutze. Dabei werden über die Behandlung bestimmter Zonen an den Füßen die diesen Zonen entsprechenden Bereiche des übrigen Organismus angesprochen. Auch in der Akupunktur können bestimmte Punkte im Bereich der Füße nach entsprechender Reizung in weit entfernte Körperareale Wirkung ausstrahlen. Und so ist es natürlich **auch beim Hund möglich, über die Massage der Pfoten weitreichende Wirkungen zu erzielen**.

Eine Pfotenmassage kann also ganz vielfältige Wirkungen haben. Sie dient der Entspannung – wenn der Hund mit Berührungen an den Pfoten gute Erfahrungen gemacht hat. Manchen Hunden ist es lästig oder sogar unangenehm, wenn ihre Pfoten berührt werden. Wenn Ihr Hund zu dieser Gruppe gehört, dann gewöhnen Sie ihn erst langsam mit den bereits beschriebenen Berührungsübungen daran, bevor Sie mit der Pfotenmassage beginnen.

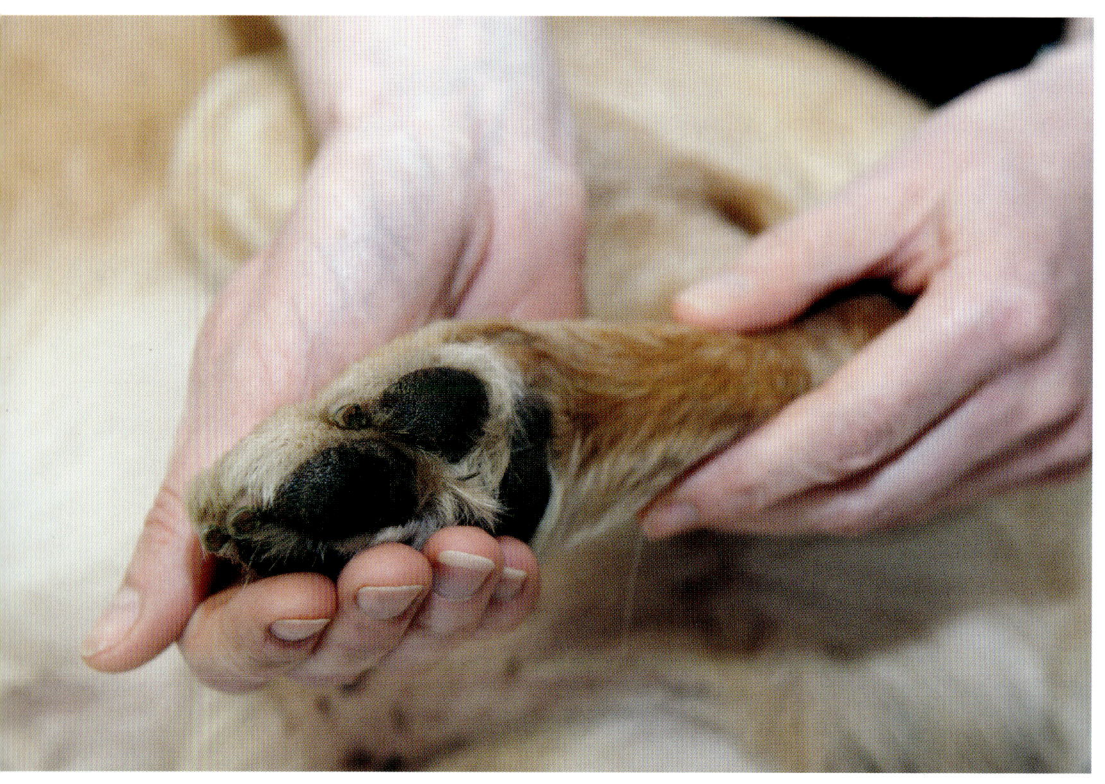

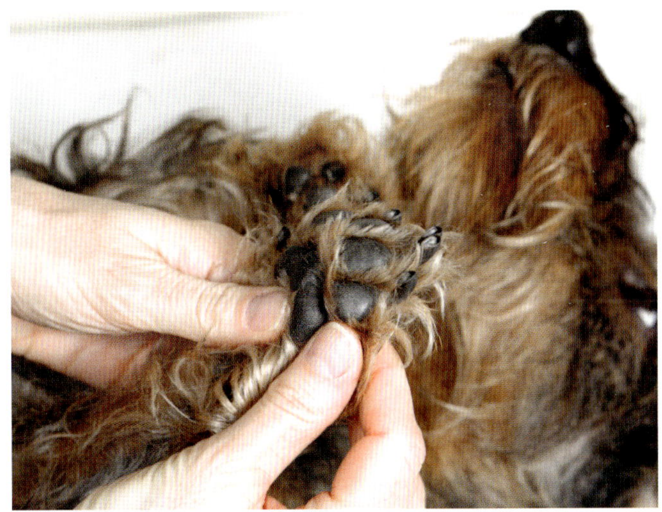

*Mit einer Pfotenmassage können vielerlei positive Wirkungen erzielt werden. Voraussetzung dafür ist allerdings, dass der Hund Berührungen seiner Pfoten als angenehm empfindet.*

**Eine Pfotenmassage aktiviert außerdem das Körpergefühl.** Hunde, deren Pfoten regelmäßig massiert werden, entwickeln ein besseres Bewusstsein für ihre Pfoten und können diese noch gezielter einsetzen. Dies gilt vor allem für die Hinterpfoten, die naturgemäß weniger gezielt beansprucht werden. **Darüber hinaus wirkt die Pfotenmassage, wie schon kurz angedeutet, reflektorisch auf den gesamten Organismus.** Das Phänomen der reflektorischen Wirkung gibt es übrigens nicht nur bei den Pfoten. Auch in den Ohrmuscheln sowie beidseits der Wirbelsäule liegen Zonen, die bestimmte Körperbereiche sozusagen spiegeln. Diese Zonen können auch therapeutisch genutzt werden. Hierüber zu schreiben würde jedoch den Rahmen dieses Buches sprengen. Für die Körperarbeit reicht es zu wissen, dass eine Massage bestimmter Bereiche auch Wirkungen in anderen Bereichen hervorrufen kann, um gegebenenfalls sich anschließende Reaktionen besser verstehen zu können.

Nicht zuletzt hilft die Pfotenmassage auch dabei, die Gesundheit des Hundes im Auge zu behalten. **Unregelmäßigkeiten, frische Verletzungen, plötzliche Empfindlichkeiten fallen Ihnen sofort auf, wenn Sie die Pfoten Ihres Hundes regelmäßig in den Händen halten.** Natürlich gilt das auch für andere Bereiche, die regelmäßig massiert werden.

## Durchführung der Pfotenmassage

Für die Pfotenmassage sollte Ihr Hund am besten ganz entspannt auf der Seite liegen, so dass Sie seine Pfoten rundherum anfassen können und sein Körpergewicht nicht darauf lastet. Ob Sie ihn auf seinem gewohnten Liegeplatz, im Freien auf der Wiese oder auf dem Sofa massieren, ist im Grunde egal. **Wichtig ist, dass er in der Umgebung tatsächlich auch entspannen kann.** Der folgende Ablauf gilt für alle Pfoten gleichermaßen. Mit welcher Pfote Sie beginnen, spielt dabei keine entscheidende Rolle.

## Griff 1

Sie leiten die Pfotenmassage ein, indem Sie mit beiden Händen am jeweiligen Hundebein heruntergleiten und zunächst wie beim **„Pfotensandwich“** die Pfote zwischen Ihre Hände nehmen. Nun drücken Sie Ihre Hände leicht zusammen, halten die Pfote **für zwei bis drei Sekunden** so und lockern dann den Griff wieder. Bei einem kleinen Hund können Sie die Pfote auch mit einer Hand drücken. Achten Sie aber darauf, dass der Druck auf Sohle und Pfotenrücken gerade ausgeübt wird. Diese Drückungen führen Sie fünf bis sechs Mal ganz langsam durch.

## Griff 2

Die Pfote Ihres Hundes liegt mit der Sohle auf den Fingern Ihrer rechten und linken Hand. Mit den Daumen gleiten Sie nun sanft an den Mittelfuß- bzw. Mittelhandknochen entlang von oben bis nach unten zu den Krallen.

Beim Heruntergleiten mit den Daumen zwischen den Zehen entlang dürfen diese

Griff 2

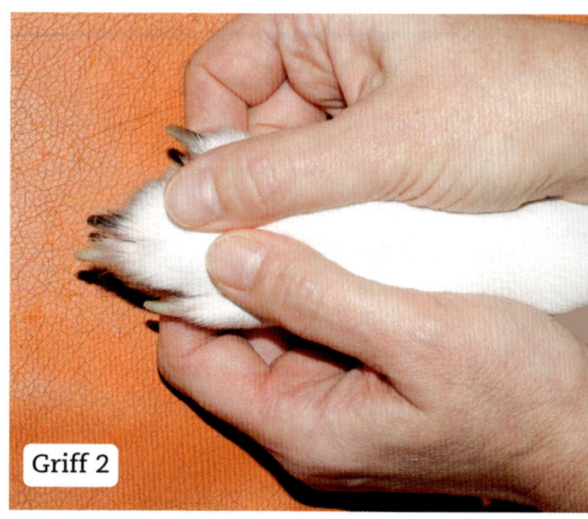
Griff 2

sich ganz leicht spreizen. **Gleiten Sie zwei bis drei Mal von oben nach unten bis in den Zwischenzehenbereich jeder einzelnen Zehe.** Die Bewegung sollte langsam durchgeführt werden und mindestens drei Sekunden dauern. Sie können dabei vor sich hinmurmeln: „Schööön – laaaangsam – auuuusstreiiiichen.“ Das ist dann ungefähr die Zeit, die Sie sich pro Ausstreichbewegung nehmen sollten. Vergessen Sie nicht den Bereich zwischen Daumenkralle oder Wolfskralle und Pfote.

## Griff 3

Die Ausgangsposition ist fast unverändert, nur streichen Sie jetzt abwechselnd zuerst mit Ihren linken und dann mit den rechten Fingern die **Rückseite der Mittelfuß- bzw. Mittelhandknochen bis hin zu den Zehenballen** aus. Auch hier gleiten Sie bitte jeweils zwei bis drei Mal von oben nach unten bis zum Ballen und lassen sich für die Bewegung mindestens drei Sekunden Zeit. Mit Ihren Daumen und den jeweils nicht aktiven Fingern halten Sie dabei die Pfote in Position, so dass sie nicht wegrutscht.

## Griff 4

Tasten Sie sich mit den Fingerkuppen in die Bereiche zwischen den Ballen vor. Je nach Pfotengröße Ihres Hundes ist das mehr oder weniger möglich. Massieren Sie nun mit sanftem Druck Ihrer Fingerkuppen die Ballen direkt von unten und – sofern möglich – auch seitlich in den Ballenzwischenräumen.

**Achten Sie auch bei diesem Griff sehr sorgfältig darauf, wie Ihr Hund reagiert.** Sollten Sie ein Erdklümpchen oder einen Fellknoten bei der Massage entdecken, dann merken Sie sich die Stelle und lösen das Klümpchen später, damit es Ihrem Hund keine Probleme bereitet. Aber tun Sie das nicht während der Massage, sondern mit etwas zeitlichem Abstand danach. I**hr Hund soll die Pfotenmassage als entspannende Behandlung kennenlernen und eben nicht als notwendige Pflegemaßnahme**, bei der es manchmal auch ein bisschen ziepen kann.

Griff 4

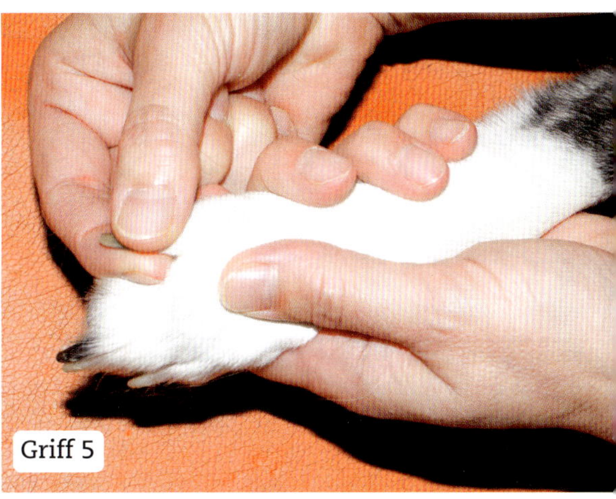

Griff 5

## Griff 5

Halten Sie mit einer Hand die Pfote Ihres Hundes oberhalb des Ballens umfasst. Mit Daumen und Zeigefinger der anderen Hand greifen Sie nacheinander das Krallenbein jeder einzelnen Zehe und **bewegen mit ganz sanftem Druck Daumen und Zeigefinger kreisförmig** gegeneinander.

Auf diese Weise stimulieren Sie Akupunkturpunkte und können damit den Energiefluss im gesamten Körper aktivieren.

## Griff 6

Den Abschluss der Massage an jeder einzelnen Pfote bildet eine Variante des Pfotensandwiches mit leichtem Druck und zusätzlich gleichzeitiger sanfter Verschiebung der Handflächen gegeneinander vor und zurück. **Diese Verschiebung führt zu ganz leichten Gelenkbewegungen in den Zehen des Hundes.**

Es ist ausreichend, wenn Sie bei der Vorwärtsverschiebung die Krallen in Ihren Handflächen spüren und diese sich bei

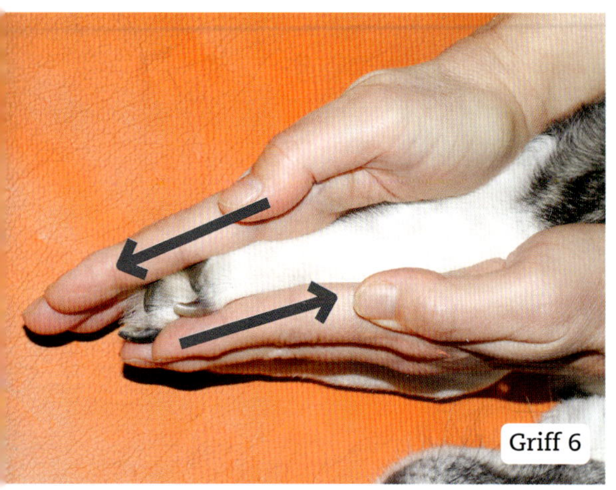
Griff 6

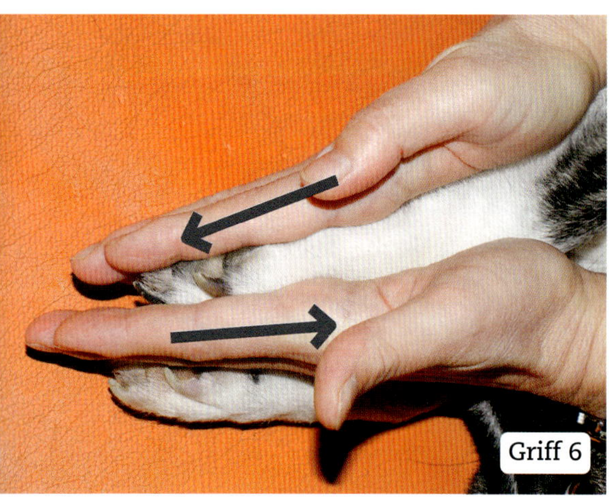
Griff 6

der Rückwärtsbewegung wieder von Ihrer Handfläche abheben. Die Verschiebung wird drei Mal durchgeführt, auch wieder sehr langsam. Murmeln Sie: „Schööön – laaaangsam – verschieeeben."

Wenn Sie an jeder Pfote alle sechs Griffe nacheinander durchgeführt haben, lassen Sie Ihren Hund – wenn er möchte – noch einen Moment ruhen.

*Die Pfotenmassage soll immer eine entspannende Maßnahme sein. Eher unangenehme Pflegeroutinen, wie beispielsweise das Kürzen der Krallen, sollten daher nicht in einem zeitlichen Zusammenhang mit der Massage erfolgen.*

## Und wenn es nicht auf Anhieb klappt?

Falls Sie nun bereits beim Lesen verzweifelt sind und sich fragen, wie Sie Ihren Hibbelhund jemals dazu bringen sollen, lange genug still zu liegen, habe ich eine gute Nachricht für Sie: **Die positiven Effekte der Pfotenmassage zeigen sich auch, wenn Sie erst einmal nur einen Teil des Programms umsetzen.** Beginnen Sie mit einem oder zwei der beschriebenen Griffe. Wenn das gut gelingt, nehmen Sie nach und nach die anderen Griffe dazu. Oder massieren Sie Ihrem Hund erst einmal nur die Hinterpfoten. **Lassen Sie es langsam angehen.** Probieren Sie einfach ein bisschen herum. Es gibt hier nichts, was Sie falsch machen können, solange Sie Ihrem Hund nicht wehtun oder seine Mitarbeit durch Festhalten erzwingen wollen. Außerdem ist Körperarbeit kein Wettbewerb, sondern soll vor allem Ihrem Hund und Ihnen selbst Spaß machen.

# Übungsbereich 4 Pfoteneinsatz/ Pfotenfertigkeit

## Worum geht es?

Pfotenfertigkeit ist in erster Linie eine Frage der Geschicklichkeit und Koordination. Die Pfoten einzeln und gezielt einzusetzen, kann (und sollte) aus allen Positionen geübt werden. Aus dem Sitzen genauso wie aus dem Stehen, Gehen oder auch aus dem Liegen. Die Bewegungsabläufe sind dabei allerdings ganz unterschiedlich und dementsprechend werden verschiedene Muskeln angesprochen und unterschiedliche Bereiche des Körpers beansprucht. In diesem Teil des Buches werden wir das Augenmerk ausschließlich auf die Vermittlung des Grundverständnisses zur Pfotenfertigkeit und auf die Geschicklichkeit legen. Das Lernziel für Ihren Hund ist deshalb eigentlich einfach formuliert: **Er soll auf das entsprechende Signal seine Pfote auf eine bestimmte Stelle setzen** (wir verwenden einen beliebigen Gegenstand als Target), und zwar unabhängig davon, ob er dabei steht, sitzt oder liegt, und ebenfalls unabhängig davon, ob der als Target verwendete Gegenstand am Boden liegt oder dem Hund in der Hand präsentiert wird. Sehr stark abgekürzt lautet der Auftrag also „Pfote auf Target".

In der praktischen Umsetzung wird es aber schon ein bisschen schwieriger. Einem Hund zu vermitteln, wohin genau er seine Pfoten setzen soll, ist nicht immer so leicht, wie es zunächst klingt. Wir können ihn einfach so lange vorwärts locken, bis er mit den Pfoten dort steht, wo wir ihn haben möchten, und ihn dann bestätigen. Aber dann wird er vielleicht noch nicht wissen, wofür er die Bestätigung erhalten hat. Für die Vorwärtsbewegung? Oder dafür, dass er nach der Bewegung stehen geblieben ist?

**Sie können über das Locken-in-die-Positionen arbeiten.** Wenn das gut funktioniert, ist alles prima. Wichtig ist, dass Ihr Hund Ihre Bestätigung mit der Position seiner

Pfoten verbindet. Perfekt ist es, wenn er außerdem weiß, für welche seiner Pfotenbewegung er gerade bestätigt wurde. **Eine andere Möglichkeit ist das Arbeiten mit einem Klicker oder Markerwort.** Im weiteren Verlauf des Buches beschreibe ich, wie Sie die Übungen durch Locken erarbeiten können. Bei den Pfotenübungen stelle ich eine Vorgehensweise vor, die sich am Klickertraining orientiert. Entscheiden Sie selbst, wie Sie Ihrem Hund die Übungen vermitteln, auf welche Weise er am besten lernt.

**Los geht's:** In der Praxis hat es sich bewährt, in zwei Schritten zu arbeiten. Erstens muss der Hund wissen, mit welcher Pfote er etwas tun soll. Zweitens muss er verstehen, was er genau tun soll. Der erste Schritt ist also, dem Hund zu vermitteln, welche Pfote welche Bezeichnung hat. Dies ist recht einfach erarbeitet, wenn spätestens jetzt der Hund bei jedem Pfotenkontakt gesagt bekommt, um welche Pfote es sich gerade handelt. Ob Sie die linke Vorderpfote dabei „vorne links", „eins" oder „Seppel" nennen, ist völlig egal. Sie sollten nur ab sofort bei der Bezeichnung bleiben, dann wird Ihr Hund Sie schnell verstehen. Ebenfalls wichtig ist es, dass Sie diese Bezeichnung nun immer anwenden. Also nicht nur beim Pfotensäubern nach dem Spaziergang. **Ihr Hund soll lernen, dass „Pfote links" immer eine Aktivität mit oder an dieser Pfote ankündigt**, egal ob es dann eine Pflegemaßnahme, eine Massage, das klassische „Pfote geben" oder sonst

etwas ist. Dies ist nicht nur eine gute Vorbereitung für Übungen zur Pfotenfertigkeit. Es dient außerdem dazu, dem Hund Klarheit und damit auch mehr Sicherheit zu verschaffen, wenn an seinen Pfoten in irgendeiner Form etwas getan werden muss. Was angekündigt wird, verliert oft ein wenig von seinem Schrecken. Dies gilt in besonderem Maße für berührungsempfindliche und unsichere Hunde.

Für die nun beschriebenen Einzelübungen benötigen Sie folgende Übungsmaterialien:

**Einen Target-Gegenstand**

Als Target-Gegenstand können Sie fast alles verwenden, was einigermaßen flach auf dem Boden liegen kann und beim Betreten nicht wegrutscht. Sie können Silikon-Topfuntersetzer verwenden oder ein Stück Gummimatte, ein Frühstücksbrettchen, einen Bierdeckel oder Sie kleben einfach ein Stück Malerkrepp auf den Fußboden. Falls notwendig sorgt etwas doppelseitiges Klebeband für Befestigung und Rutschfestigkeit des Target-Gegenstandes.

**Gute Belohnungshäppchen**

Als Belohnungshäppchen empfehle ich kleine, weiche Leckerchen, die nicht gekaut werden müssen. Kleingeschnittene Fleischwurst mögen fast alle Hunde, auch Käse wird gerne genommen. **Wichtig ist nur, dass Sie die Stückchen wirklich sehr klein schneiden, damit Sie ausreichend oft belohnen können, ohne dass Ihr Hund ein gewichtiges Problem bekommt.** Weil manchmal die Frage gestellt wird, ob nicht auch anders belohnt werden kann: Ich selbst verwende und empfehle bei Übungen zur Körperarbeit als Belohnung tatsächlich fast ausschließlich Leckerchen, weil es nach meiner Erfahrung so am einfachsten ist, die Konzentration des Hundes aufrechtzuerhalten. **Eine Belohnung zum Beispiel durch Spiel hat phantastische Wirkungen, puscht aber die Hunde oft hoch** und erschwert so das in der Körperarbeit gewollte ruhige Arbeiten – gerade in der Phase, in der ein Übungsablauf erst erarbeitet und gefestigt werden soll. Hunde, die bei der Erarbeitung von Übungen in einer entspannten Umgebung und Atmosphäre Leckerchen verschmähen, habe ich hingegen noch nicht erlebt. Daher sind für mich bei dieser Arbeit Futterhäppchen die am besten geeignete Belohnung.

In der Praxis hat es sich bewährt, die folgenden Einzelübungen in der hier gewählten Reihenfolge zu erarbeiten.

### Einzelübung 4.1 Gezieltes Berühren eines Targets mit der Vorderpfote aus dem Sitzen

Die Berührung eines Targets aus dem Sitzen ist für die meisten Hunde eine sehr gut geeignete Einstiegsübung. Das liegt daran, dass der Bewegungsablauf dem Pföteln sehr ähnelt und den Hunden daher vertraut ist. Ist das Prinzip verstanden, kann danach meistens ohne größere Probleme der Target-Gegenstand einfach auf den Boden verlagert werden. **Wichtig für den Erfolg ist vor allem, dass der Hund den gewählten Gegenstand als Ziel für seine Pfote versteht.** Wählen Sie deshalb einen Gegenstand, den Sie gut in der Hand halten können, der jedoch später auch gut auf dem Boden liegen kann.

In der Grundstellung für diese Übung sitzt Ihr Hund Ihnen gegenüber. Sie halten den Target-Gegenstand zunächst in der linken Hand und halten ihn Ihrem Hund vor seine rechte Pfote. **Nun ermuntern Sie ihn, seine rechte Pfote auf den Gegenstand zu setzen.** Wenn Ihr Hund bereits das „Pfötchen geben" kennt, haben Sie es jetzt einfach. Vermutlich wird er seine Pfote dann schon von sich aus versuchsweise auf den Target-Gegenstand setzen. Super, dann gibt es auch gleich eine Bestätigung und eine Futterbelohnung dafür.

Um punktgenau zu bestätigen, kann hier mit einem Klicker oder einem Markerwort gearbeitet werden. Das Markerwort bietet im Gegensatz zum Klicker den Vorteil, dass Sie die Hände frei haben. Durch den Marker wird die folgende Belohnung angekündigt und gleichzeitig die Aktivität beendet. Das heißt in diesem Fall, dass Ihr Hund die Pfo-

*Den meisten Hunden fällt diese Übung sehr leicht, da sie bereits das „Pfote geben" kennen.*

te dann vom Target wieder herunternehmen soll. Wenn Sie Ihren Hund ungefähr 10 bis 15 Mal für seine richtige Aktivität bestätigen konnten, können Sie ein Wortsignal verknüpfen. Geben Sie das Wortsignal, zum Beispiel „Vorne rechts drauf", bitte kurz bevor Ihr Hund seine Pfote auf den Target-Gegenstand setzt. Wiederholen Sie dies nun auch mehrere Male und denken Sie daran, auch jetzt Ihren Hund für jede richtige Durchführung zu bestätigen. **Ziel ist es, dass er seine Aktivität auf diese Weise mit dem von Ihnen gewählten Wortsignal in Verbindung bringt** und auch später zuverlässig auf das Signal hin entsprechend handelt.

Wenn Ihr Hund gar keine Idee hat, was er mit dem Gegenstand vor seiner Pfote anfangen soll, können Sie ihm ein wenig helfen. Halten Sie den Target-Gegenstand zum Beispiel etwas tiefer. Bringt auch das noch keinen Erfolg, können Sie alternativ den Gegenstand hinter seine Pfote bringen und so nach vorne ziehen, dass seine Pfote automatisch darauf landet und dann genau diesen Moment bestätigen. **Benötigt Ihr Hund diese Unterstützung, dann führen Sie die Übung einige Male mit Unterstützung durch** und versuchen es dann erneut aus der Grundstellung. Wichtig ist, das angestrebte Ziel immer vor Augen zu haben. Ziel dieser Übung ist es, dass der Hund seine Pfote zuverlässig (hier aus dem Sitz) auf den Target-Gegenstand setzt.

Beherrscht Ihr Hund die Übung mit der rechten Vorderpfote? Super. Dann können Sie das Gleiche nun mit der linken Vorderpfote üben. Der Ablauf ist der gleiche, lediglich die Grundstellung verändert sich: Ihr Hund sitzt Ihnen gegenüber und Sie halten den Target-Gegenstand in Ihrer rechten Hand vor seine linke Vorderpfote.

## Einzelübung 4.2 Gezieltes Berühren eines Targets mit der Vorderpfote aus der Bewegung

Verwenden Sie jetzt den Target-Gegenstand, den Ihr Hund bereits von der vorherigen Übung kennt. Das erleichtert das Lernen. Es geht nun darum, dass Ihr Hund die Grundübung auf eine neue Situation überträgt. Lassen Sie Ihren Hund also zuschauen, wie Sie den bekannten Target-Gegenstand auf den Boden legen. Machen Sie ruhig ein wenig Tamtam darum, so dass Ihr Hund neugierig wird. Laden Sie ihn dann mit einer Bewegung zum Herkommen ein und zeigen Sie auf den Target-Gegenstand. Optimalerweise kommt er gleich und guckt, was es mit diesem Gegenstand auf sich hat. Vielleicht stupst er zuerst mit der Nase daran. Das machen viele Hunde. **Warten Sie nun ab, bis er den Target-Gegenstand mit einer seiner Vorderpfoten berührt.** Genau diesen Moment bestätigen Sie. Wichtig ist, dass Ihr Hund nach der Bestätigung wieder ein paar Schritte zur Seite geht, damit er sich anschließend wieder aktiv auf den Target-Gegenstand zu bewegen kann. Das können Sie erreichen, indem Sie ihm das Bestätigungsleckerchen über den Boden rollen. In der Regel nutzen Hunde für diese Aktivität ihre „Lieblingspfote" und bleiben auch erst einmal dabei. Bestätigen Sie zuerst auch nur die Aktivi-

*Krümel zeigt, wie es geht: „Vorne links auf Target"*

tät mit dieser einen Pfote. Wenn Ihr Hund zuverlässig mehrmals nacheinander die gleiche Pfote auf den Target-Gegenstand gesetzt hat, können Sie diese Bewegung „vorne rechts (oder links) auf Target" im nächsten Schritt ebenso benennen, so wie Sie es auch in der vorherigen Übung schon gemacht haben.

Natürlich könnten Sie für die Berührung des am Boden liegenden Target-Gegenstands aus der Bewegung auch ein neues Wortsignal einführen. **Ich empfehle jedoch, das gleiche Wortsignal zu verwenden.** Zwar ist die Ausgangssituation eine andere als vorher: Der Hund sitzt nicht. Jedoch ist das Ziel das gleiche: Die Pfote soll auf den Gegenstand gesetzt werden. Verwenden wir also das gleiche Wortsignal, egal aus welcher Situation heraus die Bewegung gezeigt werden soll, dann kann der Hund verstehen, dass das Wortsignal eben auch nur exakt diese Bewegung meint.

Zeigen Sie also auf den Target-Gegenstand und geben Sie das Wortsignal, kurz bevor Ihr Hund die Pfote darauf absetzt. **Klappt dies nach mehreren Wiederholungen gut, sollten Sie sich etwas weiter vom Gegenstand entfernen**, um zu überprüfen, ob Ihr Hund auch wirklich verstanden hat, dass es auch dann immer um „vorne rechts auf Target" geht, wenn Sie nicht direkt daneben stehen. Sobald Ihr Hund verlässlich das Berühren des Bodentargets mit dieser Pfote zeigt, vermitteln Sie ihm in der nächsten Lerneinheit, dass die Übung auch mit der anderen Pfote funktioniert. Hierfür gibt es zwei Möglichkeiten. Eine besteht darin, dass Sie den bekannten Gegenstand auslegen und gleich „vorne links auf Target" sagen und abwarten, ob er das tut. Wenn ja, belohnen Sie ihn. Wiederholen Sie auch diesen Lernschritt ein paar Mal.

Wenn es auf diese Art und Weise nicht klappt, legen Sie den bekannten Gegenstand aus, geben zunächst kein Wortsignal, laden Ihren Hund aber wieder mit einer Bewegung ein und zeigen auf den Gegenstand. Wahrscheinlich wird er nun erst einmal die bisherige Pfote nutzen. Dafür wird er aber NICHT bestätigt. Sie warten konsequent darauf, dass er seine andere Vorderpfote nutzt und bestätigen erst dann (dann aber mit mehreren Leckerchen) seine Leistung und benennen sie mit „vorne links auf Target".

## Und wenn das gar nicht klappt?

Hunde sind sehr individuell. Während der eine intensiv austesten wird, mit welchem Verhalten er sich eine Bestätigung erarbeiten kann und so vielleicht sehr schnell zum Ziel kommt, wird der nächste vielleicht aus Frust anfangen zu bellen und in eine hohe Erregungslage kommen. Ich habe auch Hunde erlebt, die an dieser Stelle nur erstaunt gucken, sich umdrehen und einfach weggehen. Nach dem Motto: Okay, dann eben nicht.

Haben Sie einen Blitzmerker, der recht schnell versteht, dass es nun um die andere Pfote geht, können Sie einfach weitermachen wie vorher. Sie lassen ihn den Target-Gegenstand mit der anderen Pfote berühren und bestätigen ihn dafür. Mehrmals nacheinander. **Sollte Ihr Hund frustriert sein und die Lösung nicht finden, dann dürfen Sie ihm natürlich auch hier helfen.** Sie können zum Beispiel seine Pfote mit Ihrer Hand berühren und anschließend Ihre Hand auf den Target-Gegenstand legen. Eine andere Möglichkeit besteht darin, den Gegenstand ganz nah vor seine Pfote zu schieben, so dass er diese kurz anhebt und dann darauf wieder absetzt, und jetzt sofort die Berührung mit „vorne links auf Target" bestätigen. Dies sind jedoch nur Zwischenschritte, um dem Hund zu verdeutlichen, dass es jetzt um die andere Pfote geht. Schlussendlich soll Ihr Hund natürlich selbst mit der Pfote aktiv werden.

**Wenn Ihr Hund sich einfach abwendet, sollten Sie die Attraktivität Ihrer Belohnungshäppchen überdenken.** Möglicherweise können Sie ihn mit anderen Leckerchen besser motivieren. Vielleicht haben Sie aber an diesem Tag auch schon ziemlich lange mit ihm gearbeitet und er braucht jetzt einfach eine Pause, um alles zu verarbeiten. Es ist auch möglich, dass Ihr Hund generell nicht so arbeitsfreudig ist. Das macht nichts. Beenden Sie einfach die Übungseinheit für den Moment und machen Sie am nächsten Tag weiter. Halten Sie dabei die künftigen Übungseinheiten einfach sehr viel kürzer. Weniger ist oft mehr.

## Wie geht es mit den Vorderpfoten weiter?

Sie haben jetzt zwei Bewegungen mit Ihrem Hund erarbeitet und unter ein Wortsignal gestellt. Ihr Hund hat gelernt, seine linke oder rechte Vorderpfote gezielt auf einen Target-Gegenstand zu setzen. Er hat dies sowohl aus dem Sitzen als auch aus der Bewegung bzw. aus dem Stehen verstanden. Dies ist eine wichtige Basis für weitere Einzelübungen, die in diesem Buch noch beschrieben werden. **Deshalb sollten Sie diese Übungen auch weiterhin regelmäßig durchführen und damit weiter festigen und verfeinern.**

Dabei können Sie damit beginnen, mit einem immer kleiner werdenden Target-Gegenstand zu arbeiten. Sie bestätigen nun Ihren Hund nur noch dann, wenn er den Gegenstand wirklich ganz präzise trifft. **Üben Sie mit Targets aus anderen Materialien.** Testen Sie während des Spaziergangs, ob Ihr Hund auch unbekannte Targets akzeptiert. Lassen Sie ihn mit dem eingeübten Wortsignal die Pfoten beispielsweise auf einen großen Stein oder einen Baumstumpf setzen. Legen Sie eine Packung Tempos als Target auf den Boden, einen Handschuh oder was immer Ihnen noch einfällt und was Sie gerade dabeihaben. So sorgen Sie dafür, dass Ihrem Hund immer bewusster wird, dass das Wortsignal in jeder Situation und für jeden Gegenstand gilt, den Sie ihm als Target anzeigen. Tasten Sie sich aber an alle Vertiefungsübungen langsam heran. Sollte eine Übung gar nicht gelingen, dann gehen Sie einfach einen Schritt zurück und verschaffen Ihrem Hund auf diese Weise ein Erfolgserlebnis. Das ist wichtig, damit er motiviert bei der Sache bleibt.

*Für diese später im Buch beschriebene Positionierungsübung ist „Pfote auf Target" eine gute Vorbereitung.*

## Und nun zu den Hinterpfoten

Die bewusste und einzelne Bewegung der Hinterpfoten ist für viele Hunde ähnlich schwierig wie für die meisten von uns das einzelne Krümmen des kleinen Fingers, ohne dass sich der Ringfinger mitbewegt. Probieren Sie doch gleich mal aus, ob Sie das können. Falls ja, versuchen Sie bitte alternativ, Ihre Zehen einzeln zu bewegen. Den meisten von uns wird das nicht gelingen. Wie fast alle anderen Bewegungen kann natürlich auch das geübt werden. Ob es irgendwann gelingt und wie gut, ist aber nicht nur eine Frage des Trainierens, sondern auch eine Frage des Talents. Ähnlich verhält es sich bei unseren Hunden. Im Grunde gibt es in der Natur keine Notwendigkeit dafür, dass Hunde besonders filigran und vor allem einzeln mit den Hinterpfoten agieren müssten. **Mit den Vorderpfoten buddelt der Hund, hält Beute oder auch seinen Kauknochen fest**, während er daran knabbert. Er „greift" damit nach Dingen, die er zu sich heranziehen möchte, zum Beispiel wenn er etwas unter dem Sofa hervorholen will. **Aber all dies macht er mit den Hinterpfoten nicht.** Sie werden nicht aktiv zum „Greifen", Festhalten oder sonst auf ähnliche Weise eingesetzt. Dennoch ist es sehr wichtig, sie in die Körperarbeit mit einzubeziehen, um dem Ziel der Verbesserung der Gesamtkoordination, der Balance und eines umfassenden Körpergefühls näherzukommen.

Bei den Übungen für die Hinterpfoten arbeiten wir zu Beginn etwas anders. Erstens werden wir hier den Hund in die gewünschte Position locken und zweitens arbeiten wir zunächst nicht mit separaten Signalen für die linke und rechte Hinterpfote. Der Grund dafür ist Folgender: Es geht erst einmal nur darum, dass der Hund die

*Die Vorderpfoten kann ein gesunder Hund gezielt einsetzen, z. B. um einen Knochen festzuhalten. Die Koordination der Hinterpfoten hingegen muss bei vielen Hunden gezielt trainiert werden.*

Hinterpfoten bewusster wahrnimmt und nutzt. Er soll eine Idee davon bekommen, dass die Hinterpfoten gezielt eingesetzt werden können. **Um diese Wahrnehmung zu verbessern, beginnen wir mit leichten Übungen, die dem Hund schnelle Erfolge ermöglichen.** Erst wenn sein Körpergefühl ausreichend entwickelt ist, können wir im nächsten Schritt von ihm erwarten, auch die Hinterpfoten zu differenzieren und sie einzeln auf unser Signal hin zu nutzen.

Hier kommen drei Basisübungen, die das Bewusstsein für die Hinterpfoten insgesamt und deren kontrollierten Einsatz verbessern können:

*Bereits für das Absetzen der ersten Hinterpfote auf den Gegenstand wird Krümel bestätigt.*

## Einzelübung 4.3
## Beide Hinterpfoten auf einen stabilen Gegenstand setzen

Für diese Übung benötigen Sie einen flachen, rutschfest auf dem Boden liegenden Gegenstand. Dieser sollte nicht sehr hoch sein und mindestens so breit, dass Ihr Hund mit beiden Vorderpfoten bequem nebeneinander gerade darauf stehen kann. Führen Sie Ihren Hund nun vorwärts über den Gegenstand. Sobald er mit den Vorderpfoten hinüber gestiegen ist, also über dem Gegenstand steht, haben Sie die Startposition für die Übung erreicht. Jetzt locken Sie ihn sehr langsam weiter nach vorne, um zu erreichen, dass er mit den Hinterpfoten einen Schritt nach vorne macht und diese auf den Gegenstand setzt.

Sobald er mit beiden Hinterpfoten darauf steht, stoppen Sie ihn in der Vorwärtsbe-

*Die erste Pfote ist schon abgesetzt, die zweite folgt bei weiterem Locken nach vorne.*

wegung, damit er für einen Moment auf dem Gegenstand stehen bleibt. **Bestätigt werden bei dieser Übung zwei Momente: Das Absetzen der ersten Hinterpfote auf dem Gegenstand und das Absetzen der zweiten Pfote darauf.** Anschließend lassen Sie ihn mit Ihrem Signalwort für die Beendigung der Übung von dem Gegenstand heruntersteigen und wiederholen die Übung einige Male. Falls Ihr Hund dazu neigt, einfach mit den Hinterpfoten über den Gegenstand hinüberzuspringen oder seitlich daran vorbeizugehen, sollten Sie einen etwas längeren bzw. breiteren Gegenstand verwenden, so dass er in jedem Fall mit den Hinterpfoten darauf steigen muss. **Wenn Ihr Hund verstanden hat, dass er für das Aufsteigen mit den Hinterpfoten eine Bestätigung bekommt, wird er es bei den Wiederholungen regelmäßig zeigen.** Auf die Einführung eines Wortsignals können Sie in diesem Fall verzichten, da Sie Ihren Hund in die Position locken.

## Einzelübung 4.4
## Beide Hinterpfoten auf einen wackeligen Gegenstand setzen

Diese Übung wird grundsätzlich genauso durchgeführt wie die vorherige. Allerdings verwenden Sie nun einen wackeligen Gegenstand, damit Ihr Hund seine Hinterpfoten noch deutlicher wahrnimmt. Sie können hierfür ein ausrangiertes Sofakissen verwenden, einige Lagen Luftpolsterfolie, eine schmale Luftmatratze oder auch ein luftgefülltes Sitzkissen (Balance Disc).

**Aus der vorherigen Übung weiß Ihr Hund bereits, worauf es ankommt.** Die Herausforderung ist nun, dass er sich auf dem nicht ganz so stabilen Gegenstand zusätzlich etwas ausbalancieren muss. Dieser zusätzliche Reiz unterstützt die Wahrnehmung der Pfoten und der gesamten Hinterhand. Später, im Kapitel für die Hinterhand, wird diese Übung noch weiter ausgearbeitet.

## Einzelübung 4.5
## Laufen auf einem Brett

Hier ist der gezielte Einsatz der Vorder- und Hinterpfoten im Zusammenspiel und in der Bewegung gefragt. Die Übung dient aber nicht nur der Koordination der Pfoten, sondern auch der Weiterentwicklung der Balance. **Beginnen Sie mit einem Brett, das etwas breiter ist als Ihr Hund und mindestens zweimal so lang.** Dieses Brett lagern Sie stabil und rutschfest direkt auf dem Boden oder leicht erhöht. Als grobe Orientierung kann hier das Karpalgelenk Ihres Hundes dienen: Das Brett sollte maximal auf dieser Höhe liegen. Wenn Sie das Brett erhöht legen, **achten Sie sehr darauf, dass es ganz stabil befestigt ist und nicht kippen kann**, wenn Ihr Hund am Anfang darauf tritt oder am Ende heruntersteigt. Führen Sie nun Ihren Hund an den Anfang des Brettes. Lassen Sie ihn mit den Vorderpfoten darauf steigen und danach mit den Hinterpfoten. **Belohnen Sie ihn für das Absetzen der Pfoten auf dem Brett.** Lassen Sie ihn am Anfang erst einmal kurz mit allen vier Pfoten darauf stehen, bevor Sie ihn dann weiterführen. Ziel ist es, dass der Hund die gesamte Länge des Brettes überquert und dabei mit allen vier Pfoten auf dem Brett läuft.

*Krümel läuft konzentriert mit allen vier Pfoten auf dem Brett. Hier wurde eine Antirutschmatte aus dem Baumarkt zugeschnitten und auf das Brett geklebt, um mehr Grip zu erhalten.*

*Diese Übung ist auch eine gute Vorbereitung für das Betreten der Waage beim Tierarzt ☺*

Falls Ihr Hund nur mit den Vorderpfoten auf dem Brett laufen mag und die Hinterpfoten seitlich daneben setzt, führen Sie die Übung sehr viel langsamer durch. Es geht in der Körperarbeit nie um Geschwindigkeit. Körperbewusstsein entsteht aus der langsamen und konzentrierten Durchführung der Übungen.

**Belohnen Sie Ihren Hund für das Stehen auf dem Brett, für einzelne Schritte und natürlich, wenn er die Strecke komplett bewältigt hat.** Ganz bewusst beginnen wir diese Übung mit einem recht breiten Brett. Das kann im weiteren Verlauf beliebig variiert werden. Je trittsicherer Ihr Hund bei dieser Übung ist, desto schmaler und länger darf das Brett werden. Lediglich die Höhe sollten Sie unverändert lassen. Sie spielt hier nämlich überhaupt keine Rolle. Außerdem vermeiden Sie bei der geringen Höhe mögliche Verletzungen, falls Ihr Hund doch einmal aus dem Tritt geraten sollte.

## Wie geht es mit den Hinterpfoten weiter?

Wenn Ihr Hund die bisher beschriebenen Übungen richtig gut beherrscht, können Sie im nächsten Schritt versuchen, ihn seine rechte und seine linke Hinterpfote einzeln auf einen Gegenstand setzen zu lassen und dies mit einem Wortsignal verknüpfen. **Probieren Sie es mit einer Verbindung schon bekannter Übungen**: Ihr Hund steht mit den Hinterpfoten vor einem Gegenstand. Nun locken Sie ihn ein wenig nach vorne und bestätigen, wie schon vorher, exakt den Zeitpunkt, in dem er den Gegenstand mit einer Pfote betritt. Anschließend bestätigen Sie aber ausnahmslos nur noch das Betreten des Gegenstandes mit dieser einen Pfote. Klappt es zuverlässig, führen Sie ein Wortsignal für eben diese Pfote ein. Das Gleiche können Sie dann anschließend mit der anderen Hinterpfote üben. **Bitte beachten Sie aber: Diese Übung ist schon recht anspruchsvoll und eher für fortgeschrittene**

**Hunde geeignet.** Der Spaß an der Arbeit sollte im Vordergrund stehen und kein Hund muss mit seinen Hinterpfoten zaubern können.

**Auch hier gilt: Fast alle Übungen für die Hinterpfoten können Sie ganz wunderbar in den Alltag übernehmen und auf Ihren Spaziergängen ebenso umsetzen wie zu Hause.** Lassen Sie Ihren Hund zum Beispiel über ein Mäuerchen balancieren. Üben Sie das Aufsetzen der Hinterpfoten auf einen quer (und stabil!) liegenden Baumstamm oder auf einen flachen Stein. Halten Sie die Augen offen, dann werden Sie auch im Freien viele Übungsmöglichkeiten finden.

## Übungsbereich 5 Laufen auf verschiedenen Untergründen

Das Laufen auf verschiedenen Untergründen ist eine der am einfachsten durchzuführenden Übungen. Es dient der Entwicklung und der stetigen Übung der Balance, der Verbesserung der Wahrnehmung durch die verschiedenen Rezeptoren und der Optimierung der Reaktionszeiten der Nerven. Selbst wenn ein Hund gesundheitlich sehr eingeschränkt ist, ist dies eine Form von Training, die er mitmachen kann. Wichtig ist nur, dass er schmerzfrei ist und keine akute Verletzung vorliegt.

Die Vielfalt an Untergründen ist nahezu unbegrenzt, so dass ich hier nur ein paar

wenige Ideen beschreiben werde, die Sie einfach für sich ergänzen und ausweiten können. **Bitte achten Sie aber immer darauf, dass Sie Ihren Hund vorsichtig an neue Untergründe gewöhnen.** Dies ist besonders wichtig, wenn er noch nicht so gut ausbalanciert oder vielleicht auch einfach unsicher ist. Sorgen Sie dafür, dass er nicht abrutschen und sich verletzen kann, sichern Sie ihn im Zweifelsfall mit einem Geschirr. Geben Sie Ihrem Hund die Möglichkeit, sich den zu bewältigenden Untergrund vorher genau anzusehen und auch mit der Nase zu erkunden. Locken Sie ihn in diesem Fall bitte nicht mit Leckerchen. Hunde neigen dann dazu, nur nach dem Leckerchen zu schauen und sich nicht mehr auf ihre Pfoten zu konzentrieren. **Unbekannte und vor allem auch schwierige Untergründe sollen aber bewusst und aufmerksam gemeistert werden. Dafür sollte Ihr Hund seinen Blick nach unten richten und nicht Ihrer Hand mit dem Leckerchen nach oben folgen.** Wenn es ohne Leckerchen nicht geht, halten Sie dies zumindest tief über den Boden, so dass Ihr Hund nach unten schaut und sieht, wohin er die Pfoten setzt. Zu beachten ist bei dieser Arbeit außerdem, dass die verschiedenen Untergründe **nicht schnell, sondern langsam** bewältigt werden sollen. Ihr Hund soll sich „Pfote für Pfote" darüber bewegen. Führen Sie Ihren Hund so, dass er versteht, was Sie von ihm erwarten. Führen Sie ihn körpersprachlich, ohne ihn zu bedrängen, oder nehmen Sie ihn an die Leine.

Für viele Hunde ist es hilfreich, wenn Ihnen zuerst mit einem Handzeichen die Strecke angezeigt wird. Und denken Sie daran, falls Ihnen das jetzt alles zu umständlich erscheint: **Wir arbeiten hier nicht im erzieherischen Bereich, sondern wir wollen das Körpergefühl unseres Hundes entwickeln.** Der Hund wird nicht gedrängt, geschoben oder gar gezogen. Er wird freundlich ermuntert, über die ihm vielleicht noch unbekannten und eventuell auch etwas unheimlichen Untergründe zu gehen – auf Basis absoluter Freiwilligkeit.

!

Manchmal versuchen Hunde, einen bestimmten Untergrund einfach durch einen größeren Sprung direkt zu überwinden und die Berührung mit der Pfote zu vermeiden. In solchen Fällen üben Sie mit Ihrem Hund zuerst, die Pfoten einzeln auf diesen Untergrund zu setzen, so wie es in den Übungen zur Pfotenfertigkeit beschrieben ist. Jeder neue Untergrund, den Ihr Hund zu bewältigen lernt, fördert sein Selbstbewusstsein und seine Trittsicherheit. Durch seine wachsenden Erfahrungen wird er neuen Übungen nach und nach immer sicherer und unbefangener begegnen.

### Aufbau eines Pfotenpfades

Für Menschen gibt es Barfußpfade, bei denen nacheinander verschiedene Untergründe ohne Schuhe und Socken began-

*Bei einem Waldspaziergang bieten sich viele verschiedene Untergründe zur Erkundung an.*

gen werden können. Ebenso kann man einen „Pfotenpfad" für Hunde aufbauen. Wer sich einen solchen Pfad zum Beispiel im Garten anlegen möchte, kann ihn dann auch gemeinsam mit dem Hund nutzen. **Idealerweise sind die Abschnitte mit den einzelnen Untergründen mindestens eine halbe Hundelänge lang**, damit sowohl die Vorder- als auch die Hinterpfoten den Untergrund mindestens einmal berühren. Mögliche Untergründe sind zum Beispiel grober oder feiner Sand, grober oder feiner Kies, Gras, Holzpellets, Reisig, Kokosmatten, Gittersteine, Kunstrasen, Gitterroste, Rindenmulch, Gummimatten, vielleicht eine flache, mit Wasser gefüllte Wanne und vieles mehr. Flache Kisten, die mit verschiedenen Materialien gefüllt und hintereinander aufgestellt werden, bieten sich immer dann an, wenn man die verschiedenen Untergründe getrennt halten und auch wieder wegräumen möchte.

Verlagert man den Pfotenpfad in die Wohnung oder ins Haus, können Untergründe wie zum Beispiel alte Schaumstoffmatratzen, leicht aufgeblasene Luftmatratzen, Schmutzabtreter, Handtuchhaufen (vor dem Waschen), mit einem alten Handtuch abgedeckte Sofakissen, Badezimmermatten mit Noppen, eine flache Wanne mit kleingeknülltem Zeitungspapier oder Flaschenkorken neue Herausforderungen bedeuten.

## Verschiedene Untergründe beim Spaziergang

Betrachten Sie bei Ihren Hunderunden aufmerksam Ihre Umgebung, dann werden Sie viele Möglichkeiten finden, Pfotenarbeit in den Alltag zu integrieren. Sowohl die Natur als auch die Stadtlandschaft bieten herausfordernde Untergründe für die Pfoten – für Anfänger ebenso wie für Fortgeschrittene. **Lassen Sie Ihren Hund einmal langsam durch einen kleinen, flachen Bach laufen.** Vielleicht hat dieser ein Sandbett, vielleicht liegen aber auch Kiesel oder flache Steine darin. Oder Sie führen Ihren Hund nach einem ordentlichen Regenguss einmal über einen matschigen Waldweg. Klar ist er danach schmutzig. Aber vermutlich findet er das sogar ziemlich prima und ein anderes Laufen – nämlich auf glitschig-feuchten und tiefen

Untergründen – hat er auch gleich geübt. **Eine besondere Pfotenerfahrung kann auch eine fachkundig geführte Wattwanderung sein.** Hier sind viele verschiedene Untergründe zu bewältigen: Schlick, fester Sandboden, leicht überfluteter Sandboden, kleine Priele müssen durchwatet oder vielleicht sogar durchschwommen werden. Achten Sie darauf, Ihrem Hund nicht zu viel abzuverlangen. Eine Wattwanderung kann – je nach Kondition, aber auch Körpergröße Ihres Hundes – sehr anstrengend für ihn sein. **Eine weitere Übung ist das Gehen in losem Sand.** Auch das kann zum Beispiel im Urlaub am Meer ausprobiert werden. Wenn Ihr Hund bei jedem Schritt ein wenig in den Sand einsinkt, muss er dies durch Ausgleichsbewegungen und mehr Muskelarbeit kompensieren. Noch dazu vermittelt es ihm mehr Körpergefühl und verstärkt die Wahrnehmung der Bewegung der einzelnen Pfoten bzw. Beine. Im Herbst ist das Laufen auf dicken, federnden Laubschichten im Wald eine tolle Sache. Es ist vergleichbar mit dem Laufen auf einer Matratze, wenn man im Haus übt. Allerdings macht es dem Hund draußen ganz sicher sehr viel mehr Spaß und riecht bestimmt auch spannender. Wenn Sie liegende Baumstämme entdecken, prüfen Sie, ob diese stabil liegen. Falls ja, können Sie Ihren Hund darauf balancieren lassen – bitte gesichert mit einem Geschirr. Glatte Baumrinde vermittelt ein anderes Laufgefühl als rissige oder borkige. **Das Laufen auf Baumstämmen ist eine sehr schöne Pfotenübung für Hunde – immer vorausgesetzt, sie sind dick genug und liegen stabil.**

Sind Sie mit Ihrem Hund in der Stadt unterwegs, können Sie ebenfalls verschie-

dene Untergründe finden. Hölzerne Abdeckungen für Fußgänger über offenen Kanalbaustellen sind – ähnlich wie Hängebrücken – oft eine kleine Herausforderung. Sie können etwas wackeln, es klingt eventuell hohl, wenn man darauf tritt. Hier sind wir dann schon lange nicht mehr nur im Bereich der Pfotenfertigkeit, sondern bereits bei **kleinen Mutproben**, deren erfolgreiches Bestehen zur Steigerung des Selbstbewusstseins des Hundes beitragen. Vielleicht finden Sie bei Ihrem Stadtgang kleine Mäuerchen mit eingelassenen Kieseln auf der Oberseite, auf denen Ihr Hund entlanggehen kann. Oder Sie entdecken Gitter über Luftschächten, die begehbar sind. Schauen Sie aber immer vorher, ob die Gitterlöcher eng genug sind, so dass Ihr Hund mit seinen Pfoten nicht hindurchrutschen oder mit seinen Krallen darin hängenbleiben kann. In Parks gibt es oft Bereiche mit Kieselsteinen. Wenn es erlaubt ist, führen Sie Ihren Hund auch einmal über diesen Untergrund. **Halten Sie einfach die Augen offen und ermöglichen Sie Ihrem Hund, vielfältige Untergründe unter die Pfoten zu bekommen und dabei positive Lernerfahrungen zu machen.** Je mehr verschiedene Untergründe er kennt und beherrscht, desto trittsicherer wird er. Eine gute Trittsicherheit ist eine wichtige Verletzungsprophylaxe. Es lohnt sich also sehr, diesem Bereich viel Aufmerksamkeit zu widmen.

## Teil 3

# Vorwärts mit der Hinterhand

Hunde haben ohne Zweifel einen sehr geländegängigen „Vierpfotenantrieb“. Tatsächlich ist aber der Motor der Vorwärtsbewegung – wenn man in der Fahrzeugsprache bleiben möchte – vor allem die Hinterhand. Betrachtet man die Belastung der Hinterhand, ist als Erstes festzustellen, dass im Unterschied zum Zweibeiner die Hauptlast des Körpers beim Hund nicht auf den Hinterbeinen liegt. Natürlich tragen auch die Hinterbeine das Gewicht des Hundes. Untersuchungen zufolge liegen jedoch nur ca. 40% des Körpergewichtes auf der Hinterhand. Die verbleibende Last wird von der Vorderhand aufgenommen. Ganz wesentlich ist aber die Aufgabe der Hinterhand, die Vorwärtsbewegung zu initiieren. Der Ablauf ist dabei in allen Gangarten gleich: Die Hinterpfoten werden – je nach Gangart – nacheinander oder relativ zeitgleich nach vorne unter den Körper gehoben und dann nach unten auf den Boden abgesetzt. Auf das Einfedern des Beines

folgt die Streckung, verbunden mit dem Abstemmen vom Boden, wodurch die Bewegungsenergie auf den Rumpf übertragen und der Körper des Hundes insgesamt mit kräftigem Schub nach vorne bewegt wird. **Die Hinterhand sorgt zwar nicht allein für die kraftvolle Vorwärtsbewegung und für Tempo, auch die Vorderhand arbeitet daran mit. Jedoch hat die Hinterhand einen deutlich höheren Anteil daran.** Die Hinterhand ist aber nicht nur der „Motor" des Hundes. In ihr liegt auch die Sprungkraft, die der Hund benötigt, um Hindernisse zu überwinden oder zum Beispiel in den Kofferraum des Autos zu springen. Besonders gefordert ist sie außerdem beim Bergauflaufen und beim Erklimmen von Treppenstufen, da sie in diesen Fällen durch die Gewichtsverlagerung mehr Last tragen muss als beim Laufen auf ebenem Grund. Auch beim Aufstehen aus dem Liegen oder Sitzen sorgt die Muskulatur der Hinterhand für den notwendigen Schub und drückt das Körpergewicht des Hundes nach oben. Häufig kann man bei älteren Hunden oder auch bei Hunden mit Hüftproblemen sehen, dass ihnen das Aufstehen Schwierigkeiten bereitet und nur mühsam gelingt. Eine schwache Muskulatur kann der Grund sein, es kommen aber noch andere Ursachen in Betracht. Wenn Ihr Hund Schwierigkeiten beim Aufstehen hat, sollten Sie dies immer abklären lassen. Vorbeugend lohnt es sich, der Hinterhand besondere Aufmerksamkeit zu widmen, um sie beweglich und aktiv zu halten.

## Kleine Anatomie der Hinterhand

Zur Hinterhand gehören die Pfoten, das Sprunggelenk, der Unterschenkel, das Kniegelenk, der Oberschenkel, das Hüftgelenk und das Becken. Wirbelsäule und Becken sind durch das Kreuz-Darmbeingelenk – auch bekannt als Iliosakralgelenk 1 – verbunden. Es heißt so, weil es die Verbindung zwischen dem Kreuzbein (einem Abschnitt der Wirbelsäule) und dem Darmbein (einem Teil des Beckens) darstellt. **Im Wesentlichen finden wir an der Hinterhand des Hundes die Gelenke und Knochen, die auch beim Menschen vorhanden sind.** Wenn Sie sich auf Ihre Zehenballen stellen und sich dann aufrichten, zeigt Ihr Fersenbein 2 (die „Hacke") auf Höhe Ihres Sprunggelenkes 3 nach hinten – ebenso wie beim Hund.

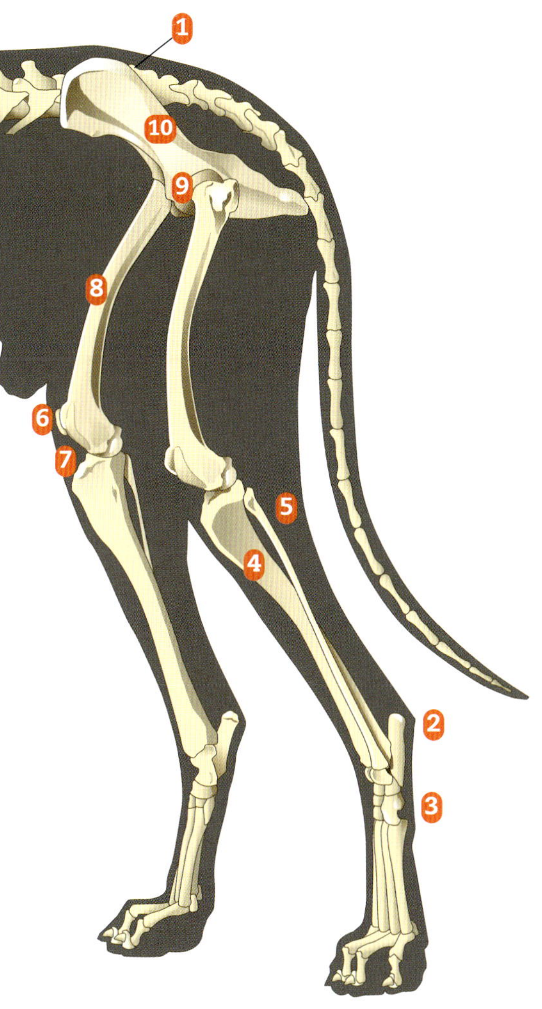


Ertasten Sie doch einfach mal die Hinterhand Ihres Hundes. Wandern Sie vom Sprunggelenk aus am Unterschenkel entlang weiter nach oben. An der Vorderseite spüren Sie den Schienbeinknochen 4, auf der Rückseite – wie beim Menschen – die Wadenmuskulatur 5. Wo Unterschenkel und Oberschenkel zusammentreffen, bildet sich zusammen mit der Kniescheibe 6 das Kniegelenk 7. Mit ein wenig Übung können Sie die Kniescheibe Ihres Hundes an der Vorderseite seines Knies ertasten. Verfolgen Sie den Oberschenkelknochen 8 weiter nach oben/ schräg hinten, sollten Sie die kräftige Muskulatur des Oberschenkels fühlen können und schließlich beim Hüftgelenk 9 landen. Ob Sie das Hüftgelenk tatsächlich ertasten können, ist unter anderem abhängig davon, wie stark Ihr Hund bemuskelt ist. Seien Sie also nicht irritiert, wenn Sie es nicht gleich finden. Vielleicht lassen Sie es sich mal von Ihrem Tierarzt, Tierheilpraktiker oder Tierphysiotherapeuten zeigen. **Es ist schön, einmal gespürt zu haben, wo die wichtigsten Gelenke sitzen.** Alternativ können Sie auch Folgendes tun:

Legen Sie Ihrem Hund jeweils im Bereich zwischen Rutenansatz und Oberschenkel rechts und links Ihre Hände auf. Dann gehen Sie mit ihm ein paar Schritte. Sie können dann nicht nur die Bewegung seiner Oberschenkel spüren, sondern auch die Stelle wahrnehmen, an der die Oberschenkel durch das Hüftgelenk mit dem Becken 10 verbunden sind. Die Verbindung zwischen Becken und Wirbelsäule können Sie nicht so einfach ertasten. Aber wenn Sie Ihre Hand flach auf den hinteren Rücken Ihres Hundes legen, so dass Ihre nach vorne gerichteten Fingerspitzen auf Höhe der Beckenknochen liegen (die Sie wiederum rechts und links der Wirbelsäule gut tasten können), dann befinden sich rechtes und linkes Kreuz-Darmbeingelenk unter Ihrer Hand.

Wenn Sie verschiedene Hunde beobachten, werden Sie feststellen, dass die Hinterhand sehr unterschiedlich aussehen kann. Manche Hunde stehen auf fast geraden Hinterbeinen und man erkennt nur eine geringe Winkelung in Sprung-, Knie- und/ oder

Hüftgelenk. Man spricht dann von sehr „steil" stehenden Hunden. Andere hingegen haben deutlichere Winkelungen in den Gelenken. Diese Unterschiede im Körperbau machen sich auch im Bewegungsablauf bemerkbar. Daraus ergibt sich die mehr oder weniger gute Eignung von Hunden für bestimmte körperliche Aktivitäten. Da für die Basics in der Körperarbeit diese Unterschiede jedoch nicht entscheidend sind, muss an dieser Stelle auch nicht weiter darauf eingegangen werden.

## Übungsbereich 1 Positionierungsübungen

### Worum geht es?

Wenn ich in der Körperarbeit von „Positionierungsübungen" spreche, dann meine ich damit, dass eine bestimmte Position eingenommen und für eine Weile gehalten wird. **Positionierungsübungen erfordern keine Gelenkbewegungen, wenn sie erst einmal eingenommen sind.** Die Übergänge in andere Übungsbereiche sind teilweise fließend. Haben Sie die Übungen aus dem vorherigen Kapitel zur Pfotenarbeit bereits mit Ihrem Hund erarbeitet, dann werden Ihnen diese hier keine größeren Probleme bereiten, denn der Bewegungsablauf zum Einnehmen der Positionen ist Ihrem Hund dann bereits vertraut. Ging es bei den Übungen zur Pfotenfertigkeit vor allem darum, die Pfoten gezielt zu setzen, so kommt es jetzt darauf an, die Hinterhand (und damit natürlich auch die Pfoten) in eine bestimmte Stellung bzw. auf eine bestimmte Position zu bringen und dort zu verharren. **Das Einnehmen und Halten der Position ist eine Haltungsübung für den Hund.** Und dies gilt nicht nur in körperlicher Hinsicht. Wenn der Hund gerade und stabil in einer bestimmten Position steht und dort verharrt, dann ist dies nicht nur für die Muskulatur eine Übung, sondern auch für den Kopf. Es erfordert Muskelkraft, aber auch Konzentration und Geduld, die Position nicht einfach wieder aufzugeben. Wenn Sie sich selbst einmal mit beiden Füßen beispielsweise auf ein kleines Mäuerchen stellen und sich dann bewusst gerade aufrichten und eine Weile so stehen bleiben, ohne in Hüfte oder Knie „bequem" einzuknicken, dann wissen Sie, was ich meine. Alle Positionierungsübungen sind jeweils die Vorstufe für die darauf folgenden Stabilisierungsübungen.

## Einzelübung 1.1 Stehen mit der Hinterhand auf stabiler, großflächiger Erhöhung

Für diese Übung benötigen Sie einen stabilen Gegenstand, der einige Zentimeter hoch ist (maximal Karpalgelenkshöhe) und viel Platz für die Hundepfoten bietet. Je nach Größe Ihres Hundes kann das zum Beispiel ein größeres Buch sein, eine Steinplatte oder auch eine einfache Holzkiste. Nutzen Sie einfach, was Sie in Ihrem Haushalt finden. **Wichtig ist, dass der Gegenstand rutschfest auf dem Boden steht und ausreichend groß ist.** Wir beginnen immer mit einfachen Übungen und steigern erst nach und nach den Schwierigkeitsgrad. Einfach bedeutet in diesem Fall, dass wir mit einem nicht beweglichen, recht flachen Gegenstand arbeiten, auf dem der Hund viel Platz für seine Pfoten hat. In Teil 2 habe ich in der Einzelübung 4.3 „Beide Hinterpfoten auf einen stabilen Gegenstand setzen" bereits beschrieben, wie Sie mit Ihrem Hund üben können, mit den Hinterpfoten auf einen Gegenstand zu steigen. Genauso beginnen Sie auch diese Übung. Sie locken Ihren Hund vorwärts über den Gegenstand und bremsen ihn genau dann etwas ein, wenn er mit beiden Hinterpfoten auf dem Gegenstand steht. Bei der Übung zur Pfotenfertigkeit durfte Ihr Hund nun nach sehr kurzer Zeit direkt wieder von dem Gegenstand heruntersteigen. Jetzt soll er darauf stehen bleiben. Ihre Aufgabe ist es, darauf zu achten, dass Ihr Hund dabei schön gerade steht und die Pfoten rechts und links jeweils gleichmäßig belastet. Wenn Sie bei der Übung vor ihm stehen, können Sie ganz prima einen Blick auf seinen Rücken werfen. Bildet sei-

*So sieht es gut aus:*
*Die Pfoten stehen nebeneinander und sind gleichmäßig belastet.*

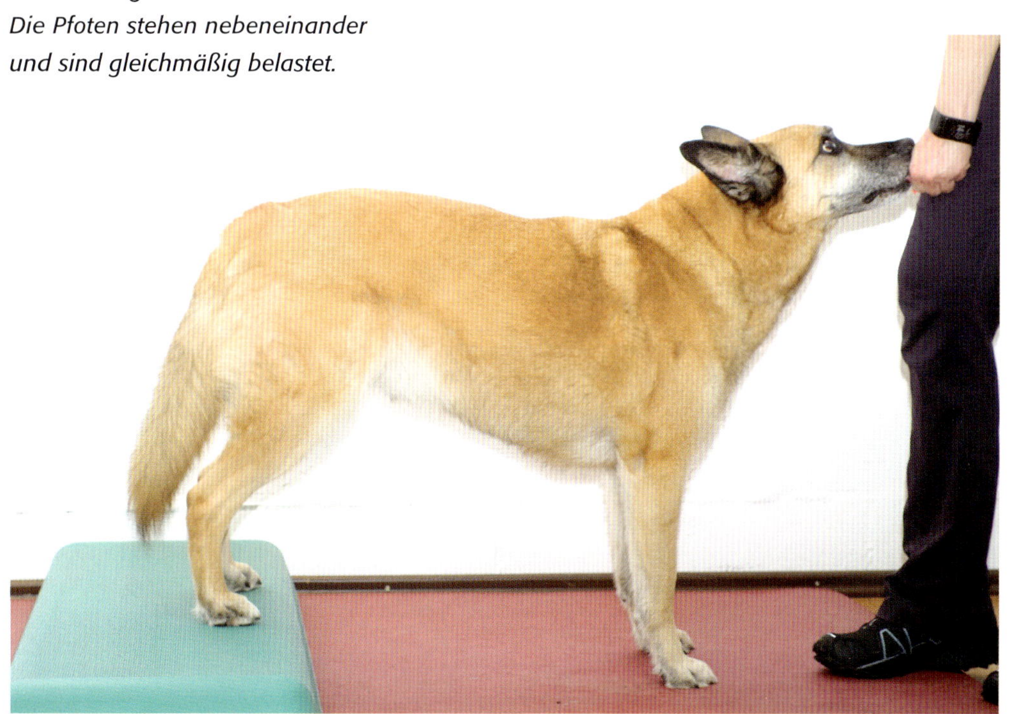

ne Wirbelsäule eine gerade Linie zwischen Kopf und Rutenansatz? Wenn nicht, dann versuchen Sie, ihn durch Locken mit einem Leckerchen in eine gerade Position zu bringen. Halten Sie dabei das Leckerchen nicht zu hoch, Ihr Hund soll bei dieser Übung nicht steil nach oben schauen, sondern möglichst geradeaus nach vorne.

Wenn Ihr Hund gerade steht, dann lassen Sie ihn diese Position etwa 10 bis 15 Sekunden halten. Anschließend darf er auf Ihr Signal von der Erhöhung heruntersteigen. Hat er die Übung grundsätzlich verstanden und weiß er, dass es auf das gerade Stehenbleiben ankommt, können Sie den Schwierigkeitsgrad mit der nächsten Übung weiter steigern.

## Einzelübung 1.2<br>Stehen mit der Hinterhand auf stabiler, kleinflächiger Erhöhung

Der Schwierigkeitsgrad wird jetzt dadurch gesteigert, dass Ihr Hund nun mit der Hinterhand auf einer kleineren Fläche stehen soll. Der zu nutzende Gegenstand ist weiterhin nur wenige Zentimeter hoch, stabil und steht rutschfest. Es gibt mehrere Möglichkeiten, die Stellfläche für die Pfoten zu verkleinern, alle erfordern zusätzliches Geschick Ihres Hundes und sollten deshalb geduldig geübt werden.

Eine Möglichkeit der Verkleinerung besteht darin, den Platz nach vorne zu verkleinern. Ihr Hund hat dann für seine Hinterpfoten weiterhin viel Platz nach rechts und links, jedoch weniger nach vorne und hinten.

*Die Hinterpfoten passen gerade so auf den Balken, der Hund muss sich hierbei also sehr viel mehr konzentrieren.*

Die meisten Hunde verstehen diese Veränderung der Übung recht schnell. Ebenso kann aber auch der Platz nach rechts und links eingegrenzt werden, so dass Ihr Hund die Pfoten dichter nebeneinander stellen muss.

*Hier ist der Platz rechts und links der Hinterpfoten begrenzt, so dass der Hund seine Hinterpfoten dichter beisammen halten muss.*

Diese Steigerung des Schwierigkeitsgrades ist für Hunde oft nicht ganz so leicht zu bewerkstelligen. Häufig wird dann nur noch eine Pfote auf den Gegenstand gesetzt. Sollte Ihr Hund das auch tun, dann gehen Sie bitte einen Schritt zurück und üben Sie zunächst noch einmal mit einem breiteren Gegenstand.

Für sehr fortgeschrittene Hunde kann die Fläche im weiteren Verlauf so deutlich verkleinert werden, dass beide Pfoten nebeneinander nur noch gerade eben darauf Platz haben. Ich empfehle jedoch, dies erst nach längerem Üben auszuprobieren, da zum Halten der Position auf so engem Raum die Balancefähigkeit bereits sehr gut entwickelt sein muss.

*In diesem Beispielbild sind die Hinterpfoten bereits gut auf den zwei Gegenständen positioniert, der Kopf ist allerdings noch zu weit nach oben überstreckt.*

**Bei den hier beschriebenen Steigerungen des Schwierigkeitsgrades kommt es, ebenso wie bei den Grundübungen, vor allem auf eine sehr saubere Ausführung in gerader Haltung (Wirbelsäule, Kopf) bei gleichmäßiger Gewichtsverteilung auf die jeweils rechten und linken Pfoten an.** Wenn Ihr Hund gut steht, lassen Sie ihn auch hier die Position mindestens 10 bis 15 Sekunden halten und geben Sie ihm anschließend das Signal zum Heruntersteigen vom Übungsgegenstand.

## Einzelübung 1.3 Stehen mit der Hinterhand auf zwei stabilen, nebeneinander liegenden Erhöhungen

Eine noch etwas anspruchsvollere Übung ist das Stehen mit der Hinterhand auf zwei nebeneinander liegenden Gegenständen. **Beginnen Sie mit dieser Übung erst dann, wenn Ihr Hund die vorherigen Grundübungen erfolgreich und routiniert**

**meistert.** Verwenden Sie zum Beispiel zwei flache Ziegelsteine. Wichtig ist, dass die Gegenstände im richtigen Abstand und natürlich auch wieder rutschfest nebeneinander liegen. Ihr Hund soll später nicht breitbeinig darauf stehen müssen, sondern gerade. Wie bereits in den bisherigen Übungen locken Sie nun Ihren Hund mit den Hinterpfoten auf die Gegenstände, eine Pfote links und eine rechts. Oder Sie nutzen ein Kommando, zum Beispiel „hinten hoch", wenn Sie es Ihrem Hund vermittelt haben.

Sobald Ihr Hund mit den Hinterpfoten jeweils auf den Gegenständen steht, sorgen Sie wieder dafür, dass er gerade steht und die Pfoten rechts und links gleichmäßig belastet. Auch hier lassen Sie Ihren Hund die Position ca. 10 bis 15 Sekunden halten und signalisieren ihm dann das Ende der Übung.

Wenn Ihr Hund diese Übung richtig gut beherrscht, dann bringen Sie Abwechslung ins Spiel, indem Sie verschiedene Gegenstände verwenden, zum Beispiel rechts einen Ziegelstein und links ein Stück Holz und danach umgekehrt. **Es sollten aber zum jetzigen Zeitpunkt noch alle verwendeten Gegenstände stabil sein.** Zur weiteren Steigerung des Schwierigkeitsgrades können Sie später Gegenstände verwenden, die verschieden hoch sind, unterschiedliche Oberflächen haben, nicht ganz exakt nebeneinander liegen oder unterschiedlich fest sind.

## Mögliche Schwierigkeiten

Es kann verschiedene Gründe haben, wenn Ihr Hund es nicht schafft, die Positionen 10 bis 15 Sekunden zu halten. Überprüfen Sie dann einfach Ihr Vorgehen. Vielleicht stimmt Ihr Timing bei der Belohnung nicht. Manche Hunde werden sehr wuselig, wenn mit Leckerchen gearbeitet wird. Sie werden aktiv, weil sie versuchen herauszubekommen, was sie tun müssen, um an das Leckerchen zu kommen. **Hier gibt es aber die Bestätigung nicht für Bewegung, sondern für Ruhe und das muss erst einmal geübt werden.** Bestätigen Sie also zu Beginn eher etwas häufiger, damit Ihr Hund versteht, dass gerade das einfache Stehenbleiben gefragt ist. Wenn Ihr Hund die Arbeit mit Nasentarget (Nase berührt beliebigen erlernten Gegenstand, zum Beispiel die Hand des Halters) kennt, können Sie auch dieses Hilfsmittel einsetzen, um ihn ruhig in der gewünschten Position zu halten. Für so manche Wirbelwinde hat sich während des Einstiegs in diese Art der Arbeit eine Futtertube bewährt, an der durchgehend „genuckelt" werden kann, während eine Position gehalten wird.

Vielleicht ist aber das gerade Stehen auch muskulär einfach sehr anstrengend für Ihren Hund. Dies kann zum Beispiel bei älteren Hunden durchaus der Fall sein. Achten Sie immer auf Anzeichen von Ermüdung und Stress, brechen Sie im Zweifelsfall die Übungen ab und versuchen Sie es das nächste Mal mit vorerst fünf Sekunden.

## Übungsbereich 2 Stabilisierungsübungen

### Worum geht es?

Bei Stabilisierungsübungen lernt der Hund, auch dann stabil in einer Position zu verharren, wenn beispielsweise der Untergrund beweglich ist. Auch isometrische Übungen zähle ich dazu. Dabei wird in bestimmten Positionen sanft schiebender Druck gegen den Hund ausgeübt, nur gerade so viel, dass er von selbst dagegen hält. **Die Stabilisierungsübungen auf beweglichem Untergrund fördern die Fähigkeit des Hundes, sich auszubalancieren.** Dabei wird der Gleichgewichtssinn ebenso angesprochen wie auch die Haltemuskulatur, die auf diese Weise schonend gekräftigt wird. Wie schon die vorbereitenden Positionierungsübungen kommen auch die Stabilisierungsübungen weitgehend ohne Gelenkbewegung aus und können deshalb grundsätzlich auch von Hunden ausgeführt werden, die in ihrer Gelenkbeweglichkeit eingeschränkt sind. Werden diese Übungen regelmäßig ausgeführt, so werden die Reaktionen der Nerven und der Muskulatur auf bewegliche Untergründe routinierter und auch schneller. Der Hund gewinnt zunehmend an Sicherheit bei der Bewältigung ungewohnter und labiler Untergründe – und dies nicht nur in körperlicher Hinsicht. **Langfristig können auch das Körpergefühl und damit verbunden das Selbstvertrauen des Hundes durch erfolgreiche Absolvierung dieser Übungen gestärkt werden.**

### Weiterführung der Positionierungsübungen

Wenn Ihr Hund die Positionierungsübungen routiniert beherrscht, diese also in gerader, aber entspannter Körperhaltung und mit gleichmäßiger Gewichtsverteilung auf der jeweils linken und rechten Pfote mindestens 15 Sekunden lang halten kann, dann ist es Zeit für die Erarbeitung der Stabilisierungsübungen. Nutzen Sie für die folgenden Übungen einfach die Gegenstände, die Sie bereits für die Durchführung der Pfotenübungen aus Teil 2 verwendet haben, also ausrangierte Sofakissen, Luftmatratzen, zusammengelegte Luftpolsterfolie, Balancekissen oder Ähnliches.

**Es kommt darauf an, dass die Gegenstände nun etwas wackelig sind und leicht nachgeben, wenn Ihr Hund darauf steht.** Die gerne verwendeten Balancekissen können unterschiedlich stark mit Luft gefüllt werden. Je weniger Luft drin ist, desto ausgeprägter ist der Wackeleffekt. Auch hier achten Sie bitte darauf, mit leicht auszuführenden Übungen zu beginnen und erst nach und nach den Schwierigkeitsgrad zu steigern. Sie können alle bereits beschriebenen Positionierungsübungen nun genauso wie bisher durchführen, nur dass Ihr Hund jetzt nicht auf stabilem, sondern wackeligem Untergrund stehen soll. Daraus ergeben sich drei Einzelübungen, die Sie in dieser Reihenfolge mit Ihrem Hund üben sollten:

## Einzelübung 2.1 Stehen mit der Hinterhand auf wackeliger, großflächiger Erhöhung

*Dieser Hund ist gerade auf das große Balance Pad gestiegen. Er muss sich jetzt noch ausbalancieren, so dass die Hinterbeine gleichmäßig belastet sind. Auch der Kopf darf noch etwas niedriger positioniert werden.*

## Einzelübung 2.2 Stehen mit der Hinterhand auf wackeliger, kleinflächiger Erhöhung

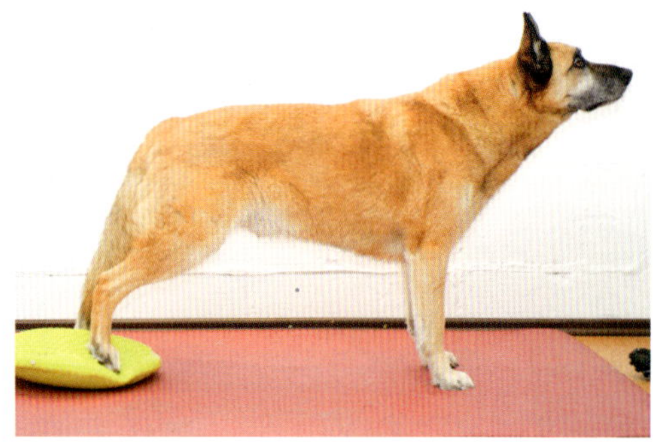

*Auf dem kleinen Balance Pad ist viel weniger Platz, deshalb müssen die Pfoten viel koordinierter gesetzt werden. Auch zum Ausbalancieren ist nicht so viel Platz vorhanden, was eine weitere Herausforderung darstellt.*

## Einzelübung 2.3 Stehen mit der Hinterhand auf zwei wackeligen, nebeneinander liegenden Erhöhungen.

*Zwei wackelige Erhöhungen mit den Hinterpfoten nicht nur zu treffen, sondern dann auch ruhig darauf zu stehen, ist anfangs nicht leicht. Wie bei allen anderen Übungen ist auch hier Geduld gefragt.*

Für alle drei Übungen gilt: Auch hier sind die Beibehaltung einer geraden und entspannten Körperhaltung und die gleichmäßige Gewichtsverteilung auf die Pfoten das wesentliche Ziel. Das ist auf beweglichem Untergrund sehr viel anstrengender, da die Muskulatur Ihres Hundes nun permanent daran arbeiten muss, dass das Gleichgewicht beibehalten wird, die Haltung also stabil bleibt. Von dem Moment an, wenn Ihr Hund mit geradem Rücken und mit gleichmäßiger Gewichtsverteilung auf der rechten und linken Hinterpfote auf den Gegenständen steht, zählen Sie langsam bis fünf. Dann darf Ihr Hund heruntersteigen. Wiederholen Sie die Übungen jeweils drei bis fünf Mal.

Zu den nun folgenden Übungen ein paar kurze Erläuterungen vorab: Isometrische Übungen werden in der Physiotherapie und Rehabilitation vor allem zum schonenden Muskelaufbau genutzt. Schonend deshalb, weil keine Gelenkbewegung erforderlich ist. Auch übergewichtige Hunde oder Hunde mit Gelenkproblemen können diese Übungen daher normalerweise ausführen, ohne übermäßig belastet zu werden. **In der Körperarbeit nutze ich isometrische Übungen in Kombination mit Balance-Übungen, um das Körpergefühl der Hunde zu optimieren.** Die Kräftigung der Muskulatur ist dabei ein erfreulicher Nebeneffekt, jedoch nicht das vorrangige Ziel. Daher ist die Vorgehensweise hier etwas anders als in der physiotherapeutischen Praxis und Rehabilitation.

## Einzelübung 2.4 Isometrische Übung Hinterhand – Einstieg

Für die Übung zum Einstieg benötigen Sie keinen Übungsgegenstand, sondern lediglich einen rutschfesten Untergrund. Hocken Sie sich hinter Ihren Hund, der mit geradem Rücken vor Ihnen stehen und nun auch bis zum Abschluss der Übung stehen bleiben sollte. Legen Sie Ihre Hände rechts und links seitlich auf die Oberschenkel Ihres Hundes und bleiben Sie einen Moment so. Viele Hunde schauen sich jetzt verwundert um und scheinen zu überlegen, was als Nächstes passiert. Sobald Ihr Hund entspannt ist, üben Sie ganz geringen Druck mit der rechten Hand aus, so als wollten Sie Ihren Hund sanft nach links schieben. Der Druck wird nicht gesteigert, sondern bleibt konstant. Ihre linke Hand bleibt ganz locker am linken Oberschenkel Ihres Hundes liegen und übt keinen Gegendruck aus. **Jetzt gibt es zwei Möglichkeiten:** Entweder Ihr Hund spannt seine Muskulatur an und baut so viel Gegendruck auf, dass er wie bisher stehen bleiben kann. Wenn das passiert, haben Sie alles richtig gemacht, denn das ist genau das, was erreicht werden soll. Halten Sie den Druck etwa fünf Sekunden aufrecht und geben Sie dann ganz vorsichtig wieder nach. Spüren Sie dabei, wie auch die Muskelanspannung Ihres Hundes wieder nachlässt.

Die andere Möglichkeit ist, dass Ihr Hund dem Druck Ihrer rechten Hand ausweicht, indem er einen Schritt nach links macht oder sich hinsetzt. Wenn das passiert, war Ihr Druck zu stark. Versuchen Sie es dann einfach noch einmal und üben Sie wirklich nur ganz wenig Druck aus, so dass Ihr Hund mit leichter Anspannung seiner Muskulatur ganz einfach gegenhalten kann. Anschließend üben Sie mit der linken Hand leichten Druck auf den linken Oberschenkel Ihres Hundes aus und Ihre rechte Hand liegt nur locker an seinem rechten Oberschenkel. Auch hier halten Sie den Druck etwa fünf Sekunden lang aufrecht, sobald Ihr Hund seine Muskulatur anspannt. Diese Übung wird immer abwechselnd rechts und links und insgesamt drei Mal pro Seite durchgeführt. Das Ziel der Übung ist erreicht, wenn der Hund abwechselnd auf jeder Seite drei Mal fünf Sekunden Muskelspannung aufbaut und genau in seiner Position stehen bleibt, also keinen Schritt zur Seite unternimmt. Ganz wichtig ist es mir noch einmal darauf hinzuweisen, weil hier oft Missverständnisse entstehen: **Es kommt nicht darauf an, dass Ihr Hund einem möglichst starken Druck standhalten kann.** Der Druck soll auch nicht im weiteren Verlauf gesteigert werden. Allein das Aufrechterhalten einer spürbaren Muskelspannung ist hier wichtig und das funktioniert bereits mit ganz leichtem Druck Ihrer jeweiligen Hand.

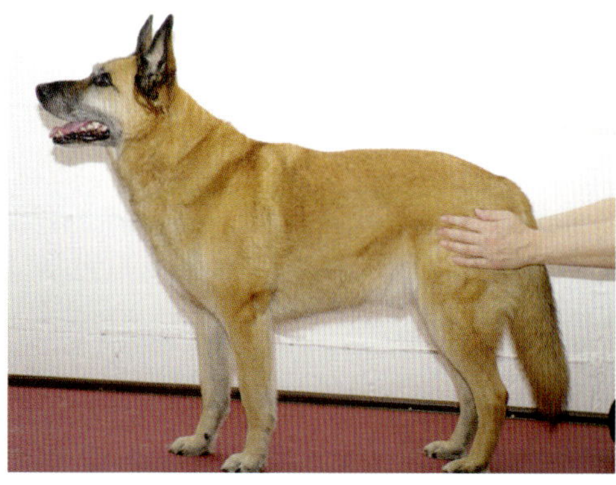

*Bei isometrischen Übungen kommt es nicht auf eine möglichst hohe Druckstärke an, sondern nur darauf, dass durchgehend eine Muskelspannung spürbar ist.*

## Einzelübung 2.5 Isometrische Übung Hinterhand tief

Ihr Hund sollte das Prinzip der isometrischen Übung grundsätzlich verstanden haben, bevor nun eine Variante hinzukommt. Die Aufgabe ist jetzt, die isometrische Übung wie vorher durchzuführen, während allerdings die Hinterhand mehr Körpergewicht trägt. Der Hund soll also nicht mehr auf einem geraden Untergrund stehen, sondern die Hinterhand muss tiefer stehen als die Vorderhand. **Dadurch wird Körpergewicht auf die Hinterhand verlagert und die Muskulatur muss be-**

**reits aus diesem Grund mehr Haltearbeit leisten.** Zusätzlich wird dann die isometrische Übung durchgeführt, wie sie schon in der vorherigen Übung beschrieben wurde.

Für die Ausgangsposition gibt es verschiedene Möglichkeiten. Sie können Ihren Hund mit den Vorderpfoten auf die untere Stufe einer Treppe locken und dann die isometrische Übung durchführen. Oder Sie verwenden einen anderen stabilen Gegenstand, auf den Ihr Hund mit der Vorderhand heraufsteigen soll. Sie können aber auch natürliche Gegebenheiten wie zum Beispiel einen kleinen Wall im Garten oder im Gelände nutzen. Entscheidend ist nur, dass Ihr Hund mit der Hinterhand tiefer steht als mit der Vorderhand.

Wie vorher hocken oder sitzen Sie hinter Ihrem Hund, legen die Hände rechts und links gegen seine Oberschenkel und üben abwechselnd rechts und links sanften Druck aus. Die Übung sollte auf jeder Seite drei Mal mit einer Dauer von jeweils fünf Sekunden durchgeführt werden.

## Einzelübung 2.6 Isometrische Übung Hinterhand, wackeliger Untergrund

Die letzte isometrische Übung in diesem Bereich verbindet mehrere Vorübungen miteinander. Ihr Hund soll nun mit der Hinterhand auf einem wackeligen Gegenstand stehen und mit der Vorderhand auf stabilem Grund. Dabei sollen alle vier Pfoten möglichst auf einer Höhe stehen. Im fol-

*Isometrische Übung mit tiefer stehender Hinterhand*

genden Beispielbild steht der Hund mit der Hinterhand auf einem Balancekissen und mit der Vorderhand auf einem Steppbrett.

*Anstelle des hier verwendeten Balancekissens kann zum Beispiel auch ein ausrangiertes Sofakissen genutzt werden.*

**Da Sie jetzt Ihrem Hund für alle vier Pfoten eine Position vorgeben, achten Sie bitte einmal mehr darauf, dass er gerade und bequem stehen kann.** Die Gegenstände dürfen weder zu dicht beieinander noch zu weit auseinander stehen.

Sobald Ihr Hund in der Ausgangsposition steht, führen Sie auch hier die bereits beschriebenen isometrischen Übungen durch. Ihr Hund muss nun nicht nur am Anfang sein Gewicht auf dem wackeligen Untergrund mit der Hinterhand ausbalancieren, sondern er muss dies auch noch bei gleichzeitigem seitlichem Druck durch Ihre Hände tun. Bitte denken Sie auch hier wieder daran, dass weniger oft mehr ist. Die Übung ist sehr viel anstrengender, als sie aussieht. Es ist völlig ausreichend, wenn Ihr Hund – ohne zur Seite zu treten oder anders auszuweichen – jeweils fünf Sekunden mit Muskelanspannung gegenhalten kann. Üben Sie auch hier auf jeder Seite drei Mal.

Geben Sie Ihrem Hund nach isometrischen Übungen grundsätzlich ein paar Minuten Zeit. Durch freie Bewegung oder auch ein paar Schritte Laufen ohne sonstige Anforderung wird die Entspannung der Muskulatur gefördert, die durch diese Übungen sehr deutlich angesprochen wird.

An dieser Stelle eine kleine Anmerkung: **Wie auch wir Menschen haben Hunde mitunter ihre Schokoladenseite.** Es ist also nicht ungewöhnlich, wenn Übungen mit links besser oder anders gelingen als mit rechts (oder umgekehrt). Tatsächlich ist das ein Zeichen dafür, dass die Muskulatur nicht ganz exakt im Gleichgewicht ist. Bei isometrischen Übungen fallen solche Ungleichgewichte besonders schnell auf. Wenn Sie den Eindruck gewinnen, dass Ihr Hund auf Ihre gleichmäßige Druckstärke rechts und links sehr deutlich unterschiedlich reagiert, dann sollten Sie ihn einer fachkundigen Person vorstellen. Es kann dann schnell festgestellt werden, ob sich das Ungleichgewicht noch im normalen Rahmen bewegt oder eine Behandlung erfordert. Deutliche muskuläre Dysbalancen sind Hinweise auf Probleme mit dem Bewegungsapparat. Ein rechtzeitiges Eingreifen kann helfen, solche Probleme in den Griff zu bekommen, bevor sie weitere Folgeschäden nach sich ziehen.

## Einzelübung 2.7 Gerades Sitzen auf festem und auf labilem Untergrund

Richtig gerades Sitzen auf beiden Sitzbeinhöckern und mit nach vorne zeigenden Knien ist eine einfache und gute Übung. Der Unterschied zum „bequemen" Sitzen, wobei der Hund sein Gewicht auf nur eine Seite verlagert, ist einfach: Um gerade sitzen zu können, muss der Hund die Muskulatur der Hinterhand rechts und links gleichermaßen anspannen. Um eine gleichmäßige Gewichtsverteilung sicherzustellen, muss er sich außerdem ausbalancieren. Wenn Ihr Hund – genauso wie Timber im folgenden Bild – bereits jetzt immer gerade sitzt, können Sie den folgenden Absatz getrost überspringen.

*Gerades Sitzen mit nach vorne gerichteten Knien. So sollte es aussehen.*

Falls aber Ihr Hund meistens so sitzt, wie der Hund auf diesem Foto, sollten Sie daran arbeiten.

*Tuja kann natürlich auch gerade sitzen. Hier hat sie extra fürs Foto gezeigt, wie Hunde auch ganz schief sitzen können.*

Erwarten Sie ab sofort von Ihrem Hund nach Ihrem Signal für „sitz" immer ein gerades Sitzen. Setzt sich Ihr Hund nicht gerade hin, kommentieren Sie das gar nicht, lassen ihn gleich wieder aufstehen und geben Sie das Signal erneut. Für jede richtige Durchführung loben Sie Ihren Hund ausgiebig. **Jedes gerade ausgerichtete Sitzen sorgt für eine gleichmäßige Beanspruchung der Muskulatur.** Natürlich darf Ihr Hund in seiner Freizeit weiterhin so sitzen, wie er gerne möchte.

Wenn Ihr Hund das gerade Sitzen beherrscht, üben Sie dies nun mit ihm unter erschwerten Bedingungen. Suchen Sie sich einen labilen, nachgebenden Untergrund, der mindestens so groß ist, dass Ihr Hund darauf stehen kann. Sie können eine Schaumgummi-, Federkern- oder eine Luftmatratze verwenden, ein großes Sofakissen oder auch ein Trampolin. Es gibt – wie immer – viele verschiedene Möglichkeiten. Auch ein Wasserbett soll hierfür schon zweckentfremdet worden sein.☺

Entscheidend ist, dass der Untergrund ein wenig nachgibt, so dass die Balancierfähigkeit Ihres Hundes stärker gefordert ist als auf festem Grund. Um Ihren Hund mit dem Untergrund vertraut zu machen, lassen Sie ihn bitte einmal komplett mit allen vier Pfoten darüber gehen. Anschließend führen Sie ihn auf den Untergrund, drehen sich vor ihn und bestätigen ihn für das Stehenbleiben. Sobald Ihr Hund stabil steht, sich also ausbalanciert hat, geben Sie ihm Ihr Signal für „sitz". **Haben Sie Geduld, wenn Ihr Hund das Signal jetzt etwas langsamer ausführt, als Sie es von ihm gewohnt sind. Er muss dabei ja in Balance bleiben und es ist deshalb genau richtig, wenn er sich ruhig in die gewünschte Position bringt.** Sitzt er gerade, dann lassen Sie ihn in dieser Position bis zu 15 Sekunden verharren, bevor Sie ihm das Ende der Übung signalisieren.

Wiederholen Sie die Übung bis zu drei Mal. Je nach Labilität des Untergrundes wird es für Ihren Hund leichter oder schwieriger sein, darauf länger zu sitzen. Achten Sie auch bei dieser Übung darauf, immer leicht zu beginnen und nur allmählich den Schwierigkeitsgrad und die Dauer der Übung zu steigern. Beenden Sie die Übung, bevor Ihr Hund von sich aus aufsteht.

*Suerte zeigt, wie es geht.*

## Übungsbereich 3 Bewegungsübungen

### Worum geht es?

Bewegungsübungen für die Hinterhand sind nicht immer ganz einfach durchzuführen. Es lohnt sich jedoch, mit dem Hund gerade hier „dran" zu bleiben. Wie schon im Teil zur Pfotenarbeit beschrieben, lässt die Koordination der Hinterhand bei vielen Hunden zu wünschen übrig. Dennoch ist sie für ein gut ausbalanciertes Bewegungsvermögen so wichtig. Es geht hier also darum, vor allem solche Bewegungsabläufe zu üben, die entweder besondere Aktivität oder besondere Koordination der Hinterhand erfordern.

Bewegungsübungen erarbeite ich mit Hunden vorwiegend in zwei Varianten: **Bei der ersten locke ich den Hund in die gewünschten Bewegungen.** Dabei verwende ich Leckerchen oder nutze den Nasentarget. Beim Nasentarget muss der Hund gelernt haben, mit der Nase einen beliebigen Gegenstand so lange zu berühren, bis die Übung beendet ist. Viele Hundehalter verwenden dafür einfach die eigene Hand, was schon deshalb sehr praktisch ist, weil man sie immer dabei hat. Wenn der Hund klein und der Mensch groß ist, kann als Gegenstand zum Beispiel auch eine Fliegenklatsche oder ein Kochlöffel verwendet werden. **Bei der zweiten Variante wird der Hund körpersprachlich oder auch durch unterstützende Berührung mit der Hand oder einem anderen Hilfsgegenstand in die gewünschte Bewegung geführt.** Gerade bei Übungen für die Hinterhand hilft diese Variante oft sehr dabei, dem Hund den gewünschten Bewegungsablauf verständlicher zu machen. Die Unterstützung einer Bewegung durch leichtes (!) Schieben mit der Hand verstärkt auch beim Hund die Wahrnehmung des Körperbereiches, mit dem er gerade arbeitet. Natürlich können alle Übungen auch mit Klicker oder Markerwort erarbeitet werden, wenn der Hund mit dieser Form des Trainings vertraut ist. Jede Variante der Vermittlung hat ihre Vor- und Nachteile, keine sollte daher von vornherein ausgeschlossen werden.

Die nachfolgenden Übungen können grundsätzlich unabhängig voneinander und in beliebiger Reihenfolge geübt werden. Eine Ausnahme davon bilden die Übungen zum Rückwärtsgehen. Um den Grundsatz „vom Einfachen zum Schwierigen" einzuhalten, empfehle ich, diese Übungen entsprechend der Beschreibung nacheinander durchzuführen.

## Einzelübung 3.1 Seitwärts über eine Stange treten

Sie benötigen für diese Übung eine Stange oder ein vergleichbares längliches Hindernis. Möglich sind zum Beispiel ein Besenstiel, ein längs zusammengerolltes Handtuch oder auch ein Vierkantholz. Ich empfehle Letzteres, weil es erstens nicht wegrollen kann und zweitens auch von etwas grobmotorischen Hunden als tatsächliches Hindernis erkannt wird. **Das Hindernis sollte nicht zu hoch sein, jedoch sollte Ihr Hund deutlich die Pfoten anheben müssen, um darüber zu steigen.**

Legen Sie die Stange auf den Boden und locken Sie jetzt Ihren Hund so zu sich, dass er neben der Stange steht. Sie selbst stehen oder hocken Ihrem Hund zugewandt am Ende der Stange. Jetzt locken Sie Ihren Hund mit einem Leckerchen (oder Nasentarget) über die am Boden liegende Stange. Er wird die Stange zuerst mit den Vorderpfoten übersteigen. Drehen Sie sich in diesem Moment ein wenig ein und lassen Sie das Leckerchen hinter Ihrem Rücken verschwinden, so dass Ihr Hund, wenn er daran kommen möchte, sich etwas vorwärts seitwärts bewegen

*Dies ist die Ausgangsposition: Der Hund steht neben der Stange, dem Halter zugewandt.*

*Der Hund wird in eine Vorwärtsseitwärts-Bewegung gelockt und steigt seitlich über die Stange.*

*Nach vollendeter Übung gibt es hier zur Bestätigung ein Leckerchen.*

und auch mit den Hinterpfoten über die Stange treten muss.

Falls Ihr Hund Hilfe benötigt, können Sie ihn mit einer ganz leicht schiebenden Bewegung seitlich an seinem Oberschenkel die Richtung weisen. Ich verwende in solchen Fällen gerne als Hilfsgegenstand eine Stange, damit ich mich nicht über den Hund beugen muss. Dies setzt natürlich voraus, dass der Hund den Hilfsgegenstand nicht als bedrohlich empfindet. Belohnen Sie den Schritt jeder Hinterpfote über die Stange einzeln. **Ihr Hund soll verstehen, dass hier die Aktivität der Hinterhand (anheben und seitwärts bewegen) das Ziel ist.** Das Gleiche wird dann in die andere Richtung wiederholt. Insgesamt sollten Sie die Übung vier Mal pro Seite wiederholen. Wenn Ihrem Hund eine Richtung etwas schwerer fällt, dann wiederholen Sie diese Richtung einmal mehr, denn Übung macht bekanntlich den Meister.

## Einzelübung 3.2 Seitwärts Umrunden mit der Hinterhand

Eine weitere Variante des seitwärts Tretens ist die Umrundung eines Gegenstandes mit der Hinterhand, während der Hund mit den Vorderpfoten darauf steht. Für diese Übung benötigen Sie einen stabil stehenden und vorerst nicht wackeligen Gegenstand, der den Vorderpfoten Ihres Hundes ausreichend Platz bietet. Je kleiner der Gegenstand, desto schwieriger wird es für Ihren Hund. Sie können alles verwenden, was als Podest geeignet erscheint. Versuchen Sie es beispielsweise mit einem ausrangierten Kochtopf, einer umgedrehten Kunststoffschüssel oder draußen mit einem Baumstumpf. **Wichtig ist, dass Ihr Podest nicht wegrutscht oder umkippt, wenn Ihr Hund mit den Vorderpfoten darauf steigt, und dass es das Gewicht Ihres Hundes auch halten kann, ohne zum Beispiel eingedrückt zu werden.** Je höher das Podest ist, desto mehr wird bei der Übung die Muskulatur der Hinterhand gefordert, weil das Körpergewicht des Hundes dorthin verlagert wird. Beginnen Sie also erst einmal mit einem flachen Podest mit großer Fläche. Bringen Sie jetzt Ihren Hund mit den Vorderpfoten auf das Podest. Das gezielte Berühren eines Targets mit den Pfoten wurde bereits in Teil 2 des Buches beschrieben. Sie können so vorgehen oder Sie locken Ihren Hund mit Nasentarget oder Leckerchen auf das Podest. Anschließend locken Sie ihn mit einem Leckerchen in eine Drehbewegung im Uhrzeigersinn um das Podest. Zur Unterstützung können Sie die linke Hand oder einen Hilfsgegenstand gegen seinen rechten Oberschenkel legen und ihn ganz leicht in die Seitwärtsbewegung schieben. Mit dem Leckerchen sorgen Sie gleichzeitig dafür, dass er mit den Vorderpfoten auf dem Podest bleibt.

**Bitte bestätigen Sie anfangs Ihren Hund für jeden einzelnen Schritt zur Seite.** Gehen Sie auf diese Weise mit Ihrem Hund eine halbe Runde um das Podest. Dann wechseln Sie die Seite und schieben ihn nun ganz leicht mit Ihrer rechten Hand nach links und gehen mit ihm die halbe Runde zurück bis in die Ausgangsposition. Entscheidend bei dieser Übung ist, dass

*Hündin Pamo absolviert die Übung prima und richtet sich dabei immer zu ihrer Halterin aus.*

Ihr Hund versteht, dass die Seitwärtsbewegung nur mit der Hinterhand stattfinden soll. Natürlich muss Ihr Hund mit den Vorderpfoten kleine Schritte zum Ausgleich der Drehbewegung machen, aber die Vorderpfoten bleiben die ganze Zeit auf dem Podest.

Wenn die halbe Umrundung in beiden Richtungen gut funktioniert, nehmen Sie sich als Nächstes die komplette Umrundung vor. Wenn Ihr Hund den Bewegungsablauf sicher verstanden hat, können Sie die Hilfe mit Ihrer Hand allmählich abbauen. Belegen Sie dafür die Schritte zur Seite mit einem Signal, zum Beispiel „seitwärts", deuten Sie das Schieben mit der Hand nur noch an und lassen es schließlich ganz weg. Auch für diese Übung gilt: Üben Sie immer die Seite einmal öfter, die Ihrem Hund etwas schwerer fällt.

## Einzelübung 3.3 Rückwärtsgehen

Geradeaus rückwärtszugehen und dies nicht nur zwei oder drei Schritte, ist für viele Hunde eine durchaus schwierige Übung. Sinnvoll ist sie deshalb, weil auch hier die Koordination und die gezielte Aktivität der Hinterhand gefördert wird. Aber das ist lange nicht alles. Auch mental wird der Hund hier gefordert. Er kann beim Rückwärtsgehen nicht sehen, wohin er sich bewegt und wie der Untergrund beschaffen ist. Anders als beim Vorwärtsgehen müssen nun die Hinterpfoten „ertasten", was eventuell im Weg liegt. Es ist so etwas wie Erkundungsverhalten in umgekehrter Richtung. Hunde erforschen neue und unbekannte Untergründe normalerweise mehr oder weniger vorsichtig mit den Vorderpfoten. Sie begeben sich vorwärts in bekannte wie auch in unbekannte Situationen, um mit allen Sinnen wahrnehmen zu können, was auf sie zukommt. **Rückwärtsgehen – mehr als ein paar wenige Schritte – ist also weit mehr als nur eine körperliche Übung. Gehen Sie daher behutsam an die Übung heran und freuen Sie sich über jeden noch so kleinen Fortschritt.**

Hilfreich ist es, zu Beginn eine kleine Gasse herzurichten, die den Weg Ihres Hundes seitlich begrenzt. Nutzen Sie beispielsweise zwei lange Kanthölzer oder stellen Sie zwei Stuhlreihen auf. Auch eine Zimmerwand kann mit einbezogen werden. Wichtig ist, dass Ihre Hilfsmittel für die Gasse stabil stehen und nicht gleich in sich zusammenfallen, falls Ihr Hund rückwärts dagegen stößt.

Sie beginnen mit der Übung, indem Sie Ihren Hund zunächst vorwärts durch die Gasse führen. Das ist gerade am Anfang wichtig, damit der Hund den Bereich zunächst einmal erkunden kann, den er anschließend rückwärts begehen soll. Am Ende der Gasse lassen Sie ihn anhalten, drehen sich selbst jetzt vor ihn und machen einen Schritt auf ihn zu. Wenn Ihr Hund jetzt einen Schritt rückwärts geht, dann sollten Sie ihn hierfür sofort bestätigen, verbal und gerne auch mit einem Leckerchen, das Sie in diesem Fall zwischen seine Vorderpfoten werfen sollten. Würden Sie das Leckerchen aus der Hand geben, würde Ihr Hund sich zu Ihrer Hand hin wieder in Richtung vorwärts bewegen. Das ist aber nicht das, was in diesem Moment bestätigt werden soll. **Bestätigt wird ausschließlich die Rückwärtsbewegung.** Leiten Sie nun auf diese Weise Ihren Hund körpersprachlich Schritt für Schritt durch die Gasse und bestätigen Sie jede Rückwärtsbewegung. Es ist wichtig, bei dieser Übung nicht zu massiv auf den Hund zuzugehen. Achten Sie auf Ihren Gesichtsausdruck, sehen Sie Ihren Hund freundlich an, bestätigen Sie ihn auch verbal. **Es geht hier ausdrücklich nicht um ein Zurückdrängen des Hundes, sondern um eine Hilfestellung beim Erlernen eines Bewegungsablaufs.** Das ist ein wichtiger Unterschied. Es bietet sich an, die Rückwärtsschritte des Hundes mit einem Signal zu belegen. So wiederhole ich beispielsweise anfangs bei jedem Schritt des Hundes das Signalwort „zurück“ oder „rückwärts“. Erarbeiten Sie die Länge der Rückwärtsstrecke mit viel Geduld. Be-

*Krümel zeigt das entspannte Rückwärtslaufen in der Balkengasse.*

ginnen Sie mit drei bis vier Schritten und steigern Sie die Strecke im Laufe der Zeit auf bis zu acht Schritte, das ist dann schon eine sehr gute Leistung. Beenden Sie die Rückwärtsstrecke immer mit einer einladenden Bewegung nach vorn, so dass Ihr Hund die Übung immer mit ein paar Vorwärtsschritten abschließen kann.

Sollte Ihr Hund auf Ihr körpersprachliches Signal zum Rückwärtsgehen nicht reagieren oder sich zum Beispiel einfach hinsetzen, versuchen Sie folgende Alternative: Bauen Sie eine kurze, schmale und hinten geschlossene Gasse. Werfen Sie Ihrem Hund ein Leckerchen nach vorne in die Gasse, so dass er vorwärts hineingeht. Sofern Sie die Gasse schmal genug gebaut haben, wird Ihr Hund sich nun rückwärts wieder herausbewegen. Diese Bewegung bestätigen Sie verbal und wiederholen dabei das Signalwort, das Sie für das Rückwärtsgehen gewählt haben.

## Einzelübung 3.4 Rückwärtsgehen über verschiedene Untergründe

Wenn Ihr Hund das Rückwärtsgehen geradeaus über mindestens sechs Schritte beherrscht, können Sie den Anspruch der Übung steigern, indem Sie den Untergrund verändern. Es ist hilfreich, dabei zunächst wieder auf die seitliche Begrenzung einer Gasse zurückzugreifen. In die Gasse können Sie nun – je nach Durchführung drinnen oder draußen – verschiedene Untergründe legen. Nutzen Sie zum Beispiel eine Gummimatte mit Noppen, Bläschenfolie, ein Stück Kunstrasen, eine Fußmatte, ein Handtuch, eine Zeitung. Oder lassen Sie Ihren Hund draußen rückwärts über Laub, durch Matsch, über Kies, Sand, Erde, Rasen oder Rindenmulch gehen. Wichtig ist auch hier wieder, dass Sie ihn zuerst vorwärts über die verschiedenen Untergründe führen, bevor Sie ihn dann rückwärts darüber schicken. Vielleicht tut sich Ihr Hund am Anfang etwas

schwer, da es nun nicht mehr nur um den Bewegungsablauf „rückwärts“ geht, sondern zusätzlich um wechselnde und unterschiedlich anspruchsvolle Reize unter den Pfoten. **Zum Rückwärtsgehen kommt also das Rückwärtstasten bzw. -erkunden hinzu.** Um dies nicht zu schwierig zu gestalten, sollten Sie zu diesem Zeitpunkt noch nicht mit wackeligen Untergründen arbeiten. Auch sollten Sie die Rückwärtsstrecke zunächst etwas kürzer halten und erst nach und nach wieder die Länge erarbeiten, die Ihr Hund auf normalem Untergrund bereits problemlos bewältigt.

Wenn Sie ohne Gasse oder seitliche Begrenzung arbeiten, dann achten Sie bitte besonders darauf, dass Ihr Hund wirklich gerade rückwärts geht. Sobald er nach rechts oder links abdriftet, beenden Sie bitte die Übung und lassen ihn bei der nächsten Wiederholung ein bis zwei Schritte weniger rückwärtslaufen. **Die positive Auswirkung auf den Körper ergibt sich immer auch aus der korrekten Haltung und die ist in diesem Fall dann gegeben, wenn der Hund sich gerade bewegt und dabei den Kopf nicht nach oben überstreckt.**

## Einzelübung 3.5 Rückwärtsgehen auf oder über ein Hindernis

Ihr Hund kann gerade rückwärtsgehen und er schafft dies auch auf unterschiedlichen Untergründen. Er hat also einen Bewegungsablauf erlernt und außerdem das Erkunden für ihn nicht sichtbarer Untergründe mit den Hinterpfoten geübt. Jetzt können Sie seine Koordination weiter trainieren, indem Sie ihm kleinere Hindernisse in den Weg stellen, die er rückwärts überqueren soll. Als Hindernisse eignen sich zusammengerollte Handtücher, flache Kanthölzer, flache Kisten, Balance Pads und vieles andere mehr. **Wichtig ist wie immer, dass das Hindernis nicht einfach wegrutschen kann, wenn Ihr Hund rückwärts zunächst dagegen stößt.**

Sie nutzen am besten wieder eine Gasse, bauen also seitliche Begrenzungen auf, und platzieren in der Mitte der Gasse Ihr Hindernis. Die Vorgehensweise ist die gleiche wie bei allen bisherigen Rückwärtsübungen: Zuerst führen Sie Ihren Hund vorwärts durch die Gasse und über das Hindernis und dann leiten Sie ihn rückwärts durch die Gasse. Sobald er mit den Hinterpfoten das Hindernis wahrnimmt, wird er eine Entscheidung treffen. Entweder überquert er direkt und ohne großes Zögern das Hindernis rückwärts. In diesem Fall können Sie ihn direkt danach bestätigen und sich über Ihren mutigen Hund freuen. So mancher Hund bleibt aber auch erst einmal abwartend stehen. Sie können ihn dann einfach ohne Kommentar wieder vorwärts aus der Gasse locken, ihn noch einmal vorwärts durch die Gasse und über das Hindernis führen und dann einfach einen neuen Versuch starten. Wenn er auch dann noch nicht rückwärts auf oder über das Hindernis steigt, dann helfen Sie ihm mit einem Leckerchen, das Sie zwischen seinen Vorderpfoten unter seinen Brustkorb halten. Um an das Leckerchen zu kommen, muss er sich rückwärts bewegen und wird dabei mindestens eine seiner Hinterpfoten auf oder über das Hindernis setzen. Diesen Moment bestätigen Sie und wiederholen die Übung dann noch einmal. In der Regel klappt es danach, weil Ihr Hund nun verstanden hat, dass er seinen Bewegungsablauf nur geringfügig verändern muss, also die Hinterpfote nicht nur zurücksetzen, sondern auch etwas mehr als üblich anheben muss. **Achten Sie bei dieser Übung ganz besonders darauf, dass sie langsam durchgeführt wird.**

Manche Hunde steigen zuerst mit den Hinterpfoten auf das Hindernis und anschließend auf der anderen Seite wieder herunter, andere steigen direkt hinüber. Beides ist in Ordnung und beides kann und sollte geübt werden. **Wichtig ist das ruhige und sehr bewusste Wahrnehmen, Ertasten und dann Überwinden des Hindernisses, ganz ohne Hektik.** Sollte Ihr Hund beim Rückwärtsüberqueren zu schnell sein, halten Sie ein gutes Leckerchen bereit, um seine Rückwärtsbewegung etwas einzubremsen, verharren Sie einen Moment und leiten Sie ihn dann körpersprachlich weiter.

Nutzen Sie verschiedene Hindernisse, variieren Sie deren Höhe und auch Tiefe. Vielleicht finden Sie ein Hindernis in Hundelänge, so dass Ihr Hund nicht nur rückwärts darüber, sondern tatsächlich mit allen Vieren darauf steigen muss. **Die Hindernisse sollten bei dieser Übung nicht höher sein als das Sprunggelenk Ihres Hundes.**

Wenn Ihr Hund verschiedene Hindernisse rückwärts überqueren kann, können Sie als

*Krümel beherrscht das Rückwärtsgehen über ein Balance Pad ganz souverän.*

letzte Steigerung des Schwierigkeitsgrades in Ihre Gasse zwei Hindernisse einbauen. Diese sollten mindestens 1,5 Hundelängen Abstand voneinander haben.

## Einzelübung 3.6 Sitz- und Stehposition auf labilem Untergrund

Bevor Sie diese Übung durchführen, sollten Sie mit Ihrem Hund das gerade Sitzen auf labilem Untergrund (Einzelübung 2.7) bereits ausreichend geübt und gefestigt haben. Sie benötigen die gleichen Übungsutensilien, wie zum Beispiel eine Luftmatratze, eine weiche Schaumgummimatratze oder ein Trampolin. Für kleinere Hunde reicht eventuell auch ein großes Kissen. Der gewählte Untergrund muss mindestens so groß sein, dass Ihr Hund gerade (im Sinne von aufrecht, nicht im Sinne von gerade so eben) darauf stehen kann – besser ist, etwas größer.

Wiederholen Sie nun zunächst ein oder zwei Mal die Einzelübung „Sitzen auf labilem Untergrund“. Im nächsten Schritt bringen Sie Ihren Hund für fünf Sekunden ins „sitz“ und locken ihn danach zurück in die stehende Position. Der Unterschied zur vorherigen Übung ist, dass er jetzt stehen bleiben soll und die Arbeit an diesem Punkt noch nicht beendet ist. Spätestens hier wird deutlich, warum Übungen immer mit einem speziellen Freigabesignal beendet werden sollten. Dies erhält Ihr Hund jetzt nämlich noch nicht und erfährt auf diese Weise, dass es noch weitergeht.

Auch die stehende Position sollte nun ca. fünf Sekunden gehalten werden. Danach bringen Sie Ihren Hund erneut für fünf Sekunden ins „sitz“, dann wieder für fünf Sekunden ins Stehen und entlassen ihn dann mit dem Freigabesignal aus der Übung.

Nochmal kurz zusammengefasst ist der Verlauf also wie folgt: Hund auf den Untergrund führen, fünf Sekunden in Sitzposition, fünf Sekunden stehen, fünf Sekunden Sitzposition, fünf Sekunden stehen, Ende der Übung. Wichtig ist wie immer die ruhige Durchführung. Fangen Sie erst dann an, die Sekunden zu zählen, wenn Ihr Hund sich ausbalanciert hat und stabil steht bzw. sitzt. Beim Sitzen ist wiederum wichtig, dass er gerade und mit nach vorne gerichteten Knien sitzt und nicht nur gemütlich auf einer Pobacke.

Das Halten der Positionen kann durch Bestätigung mit Leckerchen unterstützt werden. Auch mit Nasentarget kann hier wieder

gearbeitet werden. Benötigt Ihr Hund diese Unterstützung zum Halten der richtigen Positionen nicht, dann bestätigen Sie ihn einfach verbal.

**Diese Übung ist nicht nur eine sehr gute Balanceübung, sondern sie aktiviert auch die Muskulatur der Hinterhand in besonderer Weise.** Der Wechsel zwischen sitzender und stehender Position ist ein wenig vergleichbar mit der Kniebeuge beim Menschen. Übertreiben Sie es also nicht und führen Sie die Übung nur mit wenigen Wiederholungen und langsam durch.

## Einzelübung 3.7 Hüftstreckung

Hierbei handelt es sich nicht um eine typische Bewegungsübung. Dennoch möchte ich sie genau an dieser Stelle beschreiben, denn sie ist bei hoher Positionierung der Vorderpfoten und längerem Verharren auch eine Kraftübung für die Muskulatur der Hinterhand, die dabei die Körperlast trägt. Vor allem aber ist sie sehr gut geeignet, nach dem Bewegungstraining als Abschlussübung durchgeführt zu werden. Zielposition ist das Stehen des Hundes auf gestreckten Hinterbeinen. Die Vorderpfoten können dabei unterschiedlich positioniert werden. Kleineren Hunden können Sie dafür zum Beispiel Ihren Unterarm anbieten, größeren Hunden können Sie erlauben, sich mit den Pfoten auf Ihren Schultern abzustützen. Mit weniger Körperkontakt geht es auch: Locken Sie Ihren Hund zum Beispiel mit den Vorderpfoten auf einen stabil stehenden Stuhl, auf das Sofa, auf einen etwas höheren Baumstumpf. Achten Sie auf eine sinnvolle Höhe: Die gestreckten Hinterbeine/ Hüften sind das Ziel. Diese Position sollte dann eine Weile gehalten werden. Sie können das mit Futter unterstützen. Lassen Sie Ihren Hund aber selbst entscheiden, wie lange er diese Streckung beibehalten möchte. Wenn er vor Ihnen/ an Ihre Schultern gelehnt steht, können Sie ihm auch gleichzeitig die Flanken kraulen. Viele Hunde mögen das gerne, manche sind aber auch etwas kitzelig. Probieren Sie es aus. Hier sehen Sie verschiedene Möglichkeiten, die Hüftstreckung durchzuführen:

*Timber nutzt die angebotenen Hände und Unterarme zum „Hochstehen".*

*Pamo stützt sich auf dem Unterarm ihrer Halterin ab.*

Mit dieser Übung wird die Muskulatur und das Bindegewebe in eine leichte Dehnung gebracht, die gerade zum Abschluss einer Trainingseinheit wohltuend ist. Vielleicht haben Sie auch schon beobachtet, wie Ihr Hund sich selbst gedehnt hat, indem er im Liegen auf der Seite die Hinterbeine ganz lang nach hinten ausgestreckt und dabei behaglich geseufzt hat.

## Übungsbereich 4 Berührung und Massage

### Worum geht es?

Dass angenehme Berührungen und Massage zum Wohlbefinden unserer Hunde beitragen, das ist uns natürlich auch ohne wissenschaftlichen Beweis klar. Trotzdem ist es interessant zu wissen, wodurch genau dieses Wohlgefühl eigentlich ausgelöst wird. Verantwortlich dafür ist das Hormon Oxytocin, das häufig auch als „Kuschelhormon" oder „Bindungshormon" bezeichnet wird. Es wird ausgeschüttet, wenn wir unseren Hund berühren, streicheln oder sanft massieren, immer vorausgesetzt, dass der Hund Berührungen grundsätzlich als angenehm empfindet. Oxytocin sorgt für Glücksgefühle – und es verbindet. Dieses Hormon spielt auch eine große Rolle für Hündinnen mit Welpen. Es sorgt für den Milcheinschuss bei der Hündin und auch dafür, dass sie ihre Welpen annimmt. Oxytocin kann aber nicht nur durch Körperkontakt, sondern sogar durch Blickkontakt zwischen Bindungspartnern ausgeschüttet werden. **Auf jeden Fall bewirkt es Wohlgefühl und tiefe Verbundenheit.**

Zur Körperarbeit gehören einige Berührungen und Griffe, die der klassischen Massage ähnlich sind. Andere Griffe oder Bewegungsabläufe haben wiederum ihren Ursprung in der Akupressur und der Akupunkt-Massage. **Bei der Körperarbeit werden diese Griffe jedoch nicht mit therapeutischem Anspruch eingesetzt, sondern sie dienen dazu, das Körperbewusstsein zu unterstützen.** Regelmäßig durchgeführt bewirken sie also, dass der Hund sich selbst immer besser spürt, sein Körpergefühl verbessert. Es ist schön zu beobachten, wie Hunde sich im Laufe der Zeit immer harmonischer bewegen, wenn sie regelmäßig auf diese Weise behandelt werden.

**Für alle Berührungen in der Körperarbeit gilt: Weniger ist mehr!** Bitte setzen Sie nur ganz leichte, sanfte Berührungsimpulse. Wenn in Ausnahmefällen mehr Druckstärke bei einem Griff erforderlich ist, weise ich darauf hin. Achten Sie immer auf die Reaktion Ihres Hundes.

Folgende Berührungen und Massagegriffe sind empfehlenswert für die Hinterhand:

## Anregende Bürstenmassage

Verwenden Sie hierfür eine kleine Bürste mit festen, aber nicht zu harten (!) Borsten oder Noppen. Beginnen Sie an den Pfotenballen und bürsten Sie in kleinen kreisenden Bewegungen die Unterseite der Pfoten. Wenn Ihr Hund kitzelig ist, drücken Sie mit der Bürste nur ein klein wenig gegen die Sohle.

Danach bürsten Sie in kurzen Strichen die Beine Ihres Hundes von unten nach oben. Falls Sie sich darüber wundern, warum Sie die Streichungen gegen die Fellwuchsrichtung durchführen sollen: Dies ist tatsächlich so gemeint. **Bei der Körperarbeit setzen wir bewusst bestimmte Reize, um das Körpergefühl zu schulen.** Dazu gehört auch, die Streichungen an den Beinen des Hundes so wie beschrieben auszuführen. Natürlich wird – wie auch bei allen anderen Streichungen – dabei nur sehr sanft gearbeitet, so dass es für den Hund jederzeit angenehm ist. Viele Hunde zeigen ihr Wohlbefinden dabei sehr deutlich, indem sie die Beine lang ausstrecken und selbstständig dehnen.

Bürsten Sie zuerst die Innenseite des Unterschenkels, dann die Innenseite des Oberschenkels bis zum Bauch. Anschließend beginnen Sie wieder an der Pfote und bürsten nun in kurzen Strichen die Vorderseite des Unterschenkels und des Oberschenkels, danach die Rückseite und zuletzt die Außenseite bis hin zur Hüfte.

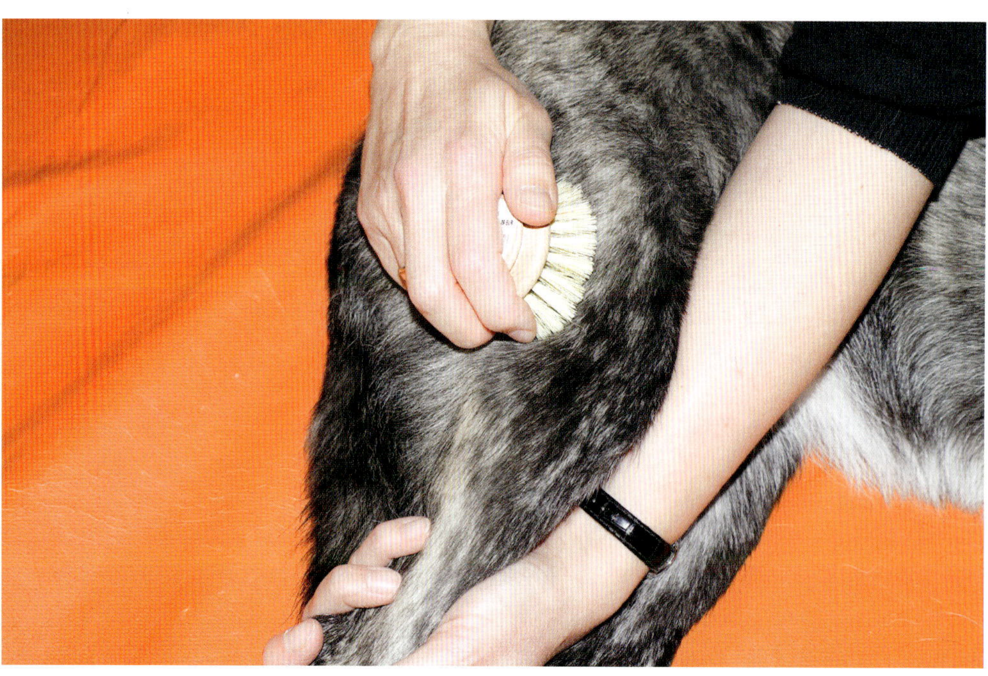

*Tuja genießt die Bürstenmassage am Oberschenkel.*

Die Bürstenmassage ist eine anregende Behandlung. Wenn Sie diese beispielsweise regelmäßig zu Beginn einer Einheit Körperarbeit durchführen, schaffen Sie damit ein kleines Ritual. Gerade für unsichere und eher zurückhaltende Hunde können Rituale hilfreich sein, denn sie laufen immer gleich ab und so weiß der Hund, was ihn erwartet. Aber auch alle anderen Hunde freuen sich darüber.

## Streichungen

Streichungen werden zu Beginn und auch zum Abschluss einer entspannenden Massage durchgeführt. Am besten lassen sie sich mit der flachen Hand ausführen. Eine Ausnahme gilt bei Streichungen an den Beinen und der Rute. Hier klappt es auch anders, durch Umfassen der Körperteile. Schauen wir uns also an, wie die Hinterhand des Hundes mit Streichungen bearbeitet werden kann. Ihr Hund liegt am besten auf der Seite und mit der Hinterhand Ihnen zugewandt vor Ihnen. Verwenden Sie ein eingerolltes Handtuch oder Ähnliches, um das oben liegende Hinterbein Ihres Hundes so zu lagern, dass es gerade liegt.

Halten Sie dann seine Pfote mit einer Hand und legen Sie Ihre andere Hand ringförmig um seinen Mittelfuß. Jetzt streichen Sie das gesamte Hinterbein von unten nach oben bis hin zum Hüftgelenk aus. Solange es möglich ist, umfassen Sie dabei mit der streichenden Hand das Bein ringförmig. Je nach Größe Ihres Hundes und Ihrer Hände klappt das vielleicht bis zum Knie.

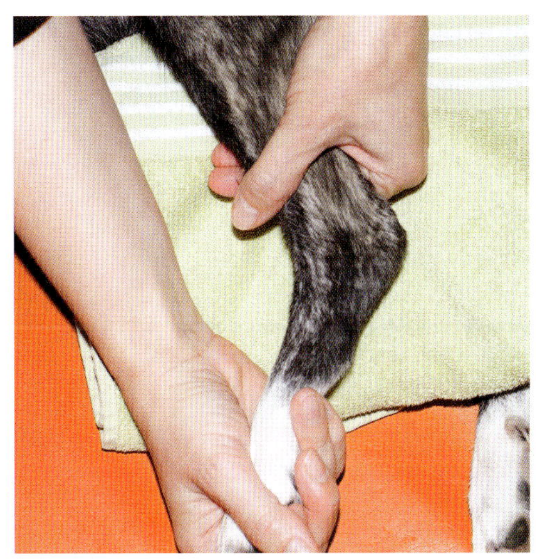

*Für die Streichungen wird das Hinterbein zunächst ringförmig umfasst.*

Danach arbeiten Sie mit der flachen Hand weiter. Stellen Sie sich vor, Sie würden Ihrem Hund loses Fell abstreifen wollen, dann haben Sie den richtigen Druck. Bearbeiten Sie auf diese Weise das gesamte Bein, also die Innenseite ebenso wie die Außenseite. Verringern Sie den Druck, wenn Sie über die Gelenke und Knochenvorsprünge gleiten und erhöhen Sie ihn wieder, wenn Sie Muskulatur unter Ihrer Handfläche spüren. Bearbeiten Sie beide Hinterbeine Ihres Hundes auf diese Weise fünf bis sechs Mal. Es ist wichtig, dass Sie die Streichungen langsam und ruhig durchführen. Nur dann ist diese Berührung für Ihren Hund entspannend.

## Drückungen der hinteren Oberschenkelmuskulatur und der Waden

Nach den Streichungen können Sie die hintere Oberschenkelmuskulatur gut mit sogenannten Drückungen bearbeiten. Dazu nehmen Sie den Oberschenkel des vor Ihnen liegenden Hundes zwischen Ihre Hände, so dass Ihre Finger vorne und Ihre Handballen hinten am Oberschenkel liegen. Dann drücken Sie ganz sanft Ihre Handflächen für ca. drei Sekunden gegeneinander, lassen wieder locker, drücken dann mit dem Handballen nach vorne, ebenfalls für ca. drei Sekunden und lassen wieder locker. Bearbeiten Sie so die gesamte hintere Oberschenkelmuskulatur beider Hinterbeine.

Die Wadenmuskulatur Ihres Hundes können Sie ebenfalls mit Drückungen bearbeiten. Halten Sie dafür mit einer Hand den Unterschenkel Ihres Hundes und drücken Sie mit den Handballen der anderen Hand sehr sanft die Wadenmuskulatur.

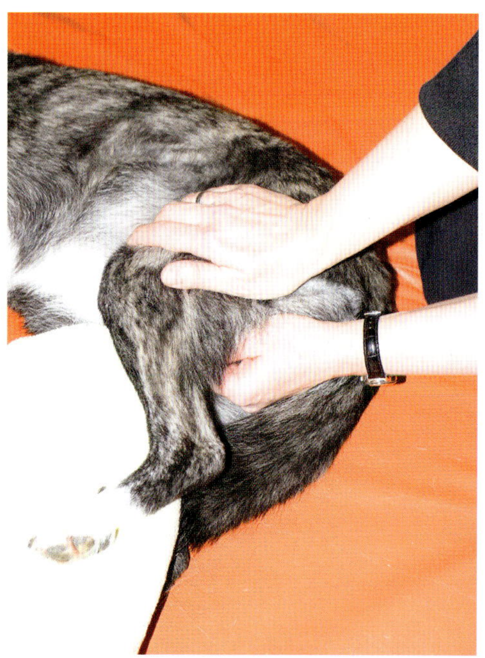

*Drückungen der hinteren Oberschenkelmuskulatur*

*Hier hält die rechte Hand den Unterschenkel und die linke Hand führt die Drückungen durch.*

## Ziehen und Schieben der vorderen Oberschenkelmuskulatur

Das „Ziehen und Schieben" ist an eine Massagetechnik aus der traditionellen chinesischen Medizin angelehnt. Die vordere Oberschenkelmuskulatur lässt sich ganz wunderbar so bearbeiten und die Technik ist leicht umsetzbar. Die Ausgangsposition ist die gleiche wie bei den Drückungen. Ihr Hund liegt auf der Seite vor Ihnen. Halten Sie nun mit einer Hand seinen Oberschenkel auf der hinteren Seite. Mit Ihrer anderen Hand umgreifen Sie den Oberschenkel vorne. Ihre Finger liegen an der Innenseite des Oberschenkels und Ihr Daumen auf der Außenseite. Bewegen Sie jetzt die Muskulatur, die an der Vorderseite des Oberschenkels liegt, mit einer ziehenden/ schiebenden Bewegung Ihrer Hand sanft nach oben in Richtung Bauch und anschließend wieder sanft nach unten in Richtung Pfote.

**Achten Sie unbedingt darauf, dass Sie dabei Ihren Hund nicht mit den Daumen kneifen.** Das Schieben und Ziehen soll nur aus Ihrer Handfläche kommen. Machen Sie nur kleine, sanfte und langsame Bewegungen. Beobachten Sie Ihren Hund, dann werden Sie schnell ein Gespür dafür entwickeln, was ihm guttut. Vielleicht wird er sein Bein spontan ganz lang ausstrecken. Das passiert oft und ist ein Zeichen für einsetzende Entspannung.

## Fingerkreisungen um die Gelenke

Das sanfte Umkreisen der Gelenke mit den Fingerkuppen zählt nicht zu den Massagegriffen. Die Fingerkreisungen um die Gelenke schaffen vor allem Körperbewusstsein für den Hund. Außerdem ist es für Sie selbst eine gute Übung: Wenn Sie sich in die Strukturen einfühlen, die Sie unter Ihren Fingerkuppen spüren, dann wissen Sie auch bald, wie sich Ihr Hund normalerweise anfühlt. Der angenehme Nebeneffekt ist, dass Sie dadurch künftig Auffälligkeiten wie beispielsweise Schwellungen, Erwärmungen und Ähnliches viel schneller wahrnehmen und entsprechend frühzeitig abklären lassen können. **Beim Fingerkreisen legen Sie Ihre Fingerkuppen ganz leicht auf die Gelenke, so dass Sie die knöchernen Strukturen unter Fell und Haut gerade soeben spüren, und umwandern dann in sehr kleinen kreisförmigen Bewegungen mit Ihren Fingerkuppen das gesamte Gelenk.**

Arbeiten Sie dabei am Hinterbein Ihres Hundes von unten nach oben. Ihr Hund liegt auf der Seite, Ihnen mit dem Rücken zugewandt. Achten Sie bitte auch hier darauf, dass das Bein Ihres Hundes gerade liegt. Unterlagern Sie es mit einem gefalteten Handtuch oder Kissen. Umfassen Sie zur Stabilisierung mit der rechten Hand den Unterschenkel Ihres Hundes und fahren Sie mit den Fingerkuppen von Daumen, Zeige- und Mittelfinger der linken Hand das Sprunggelenk (Tarsalge-

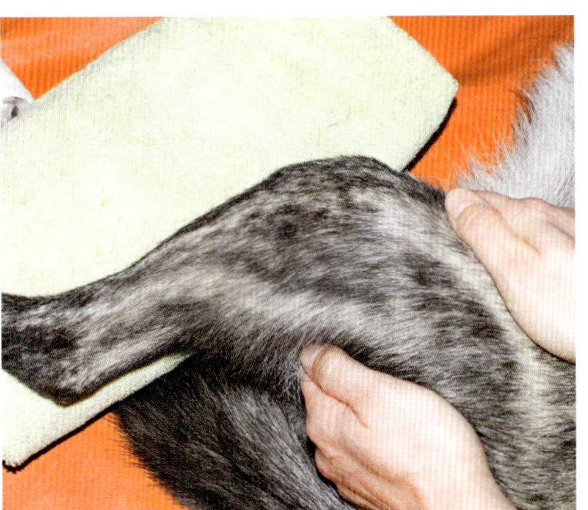

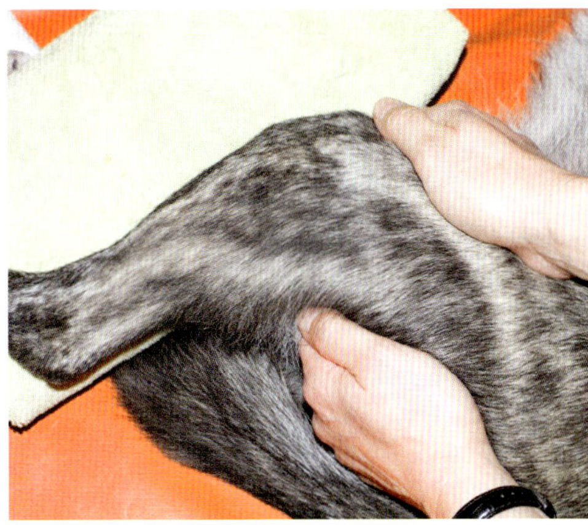

*Die linke Hand stützt, die rechte Hand führt „Schieben und Ziehen" aus. Linkes Bild: Rechte Hand zieht/ schiebt nach oben in Richtung Bauch. Rechtes Bild: Rechte Hand zieht/ schiebt in Richtung der Pfote.*

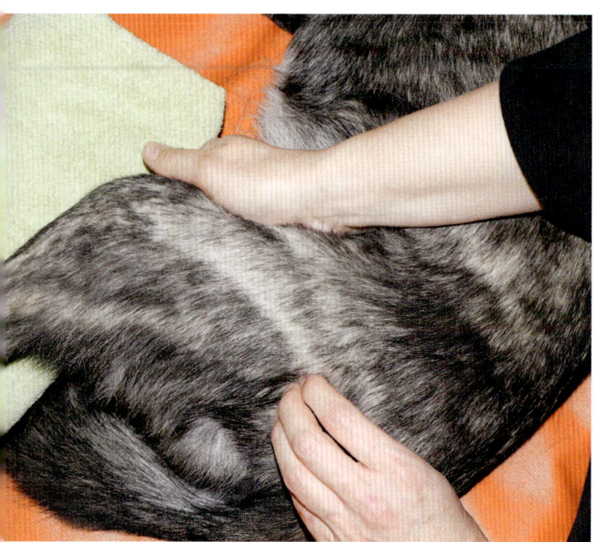

*Fingerkreisungen um das Hüftgelenk*

lenk) außen und innen, vorne und hinten in kreisenden Bewegungen ab. **Achten Sie darauf, keinen starken Druck auszuüben. Sie sollen nur gerade eben mit Ihren Fingerkuppen spüren, was sich unter Fell und Haut befindet.** Wenn Sie das Sprunggelenk vom unteren bis zum oberen Bereich drei bis vier Mal umkreist haben, geht es weiter zum Kniegelenk. Sie halten nun mit der linken Hand den Unterschenkel Ihres Hundes und arbeiten mit der rechten Hand ebenso wie schon beim Sprunggelenk. Das Kniegelenk ist nicht ganz so einfach zu erfühlen wie das Sprunggelenk, da es anders in die Muskulatur eingebettet ist. Erhöhen Sie dennoch nicht den Druck. Umkreisen Sie auch hier nur ganz sanft mit den Daumen- und Fingerkuppen der rechten Hand das Gelenk drei bis vier Mal an den Seiten und vorne.

Wandern Sie dann weiter bis zum Hüftgelenk. Dabei halten Sie nun den Oberschenkel Ihres Hundes mit der rechten Hand und arbeiten mit der linken. Bei gut bemuskelten Hunden ist dieses Gelenk für den Laien nicht leicht aufzufinden. Am einfachsten ist es, sich an der Bewegung der Hinterbeine des Hundes zu orientieren. Legen Sie die linke Hand im Bereich des Hüftgelenks flach auf Ihren Hund und kitzeln Sie ihn mit der anderen unter der Pfote. Er wird dann das Hinterbein kurz anziehen und Sie können dabei die Bewegung im Hüftgelenk spüren. Umrunden Sie diesen Bereich mit kleinen kreisförmigen Bewegungen drei bis vier Mal. Nutzen Sie hierfür die Fingerkuppen von Zeige-, Mittel- und Ringfinger (je nach Größe Ihres Hundes) und achten Sie stets darauf, keinen starken Druck auszuüben.

## Harmonisierung des Energieflusses

Entlehnt aus der Akupunkt-Massage sind abschließende Streichungen zur Harmonisierung des Energieflusses. Da diese harmonisierenden Streichungen nach meiner Erfahrung die beste Wirkung zeigen, wenn Sie am gesamten Körper durchgeführt werden – und nicht nur in einem abgegrenzten Bereich –, wird auf dieses Thema im letzten Teil des Buches ganzheitlich eingegangen.

## Teil 4

# Lastenträger Vorderhand

Die Hinterhand haben wir als „Motor der Bewegung“ bezeichnet. Die Vorderhand hingegen hat vor allem die Aufgabe, den überwiegenden Teil der Körperlast zu tragen und den Bewegungsschwung aufzufangen und abzufedern. Zudem hat sie eine stabilisierende und führende Funktion, was die Bewegungsrichtung angeht. Im Durchschnitt liegen beim Hund 60% des Körpergewichtes auf der Vorderhand und 40% auf der Hinterhand. Je nach Rasse und Körperbau gibt es auch noch deutliche Unterschiede. Besondere Belastung erfährt die Vorderhand beim Bergablaufen, beim Abwärtsgehen von Treppen und beim Landen nach einem Sprung. Die typischen Aufgaben spiegeln aber auch deutlich die Belastungen der Vorderhand wider.

## Kleine Anatomie der Vorderhand

Zur Vorderhand gehören im Wesentlichen die Pfoten mit Zehen 1 und Mittelfuß 2, das Karpalgelenk 3, der Unterarm mit Elle und Speiche 4, die durch ihre Anordnung dem Hund eine geringe Drehbewegung des Unterarms ermöglichen. Elle und Speiche bilden zusammen mit dem Knochen des Oberarms das Ellenbogengelenk 5. Wandert man über den Ellenbogen weiter nach schräg vorn, ertastet man den Oberarmknochen 6 bis hin zum Schultergelenk 7, das die Verbindung zum Schulterblatt 8 herstellt.

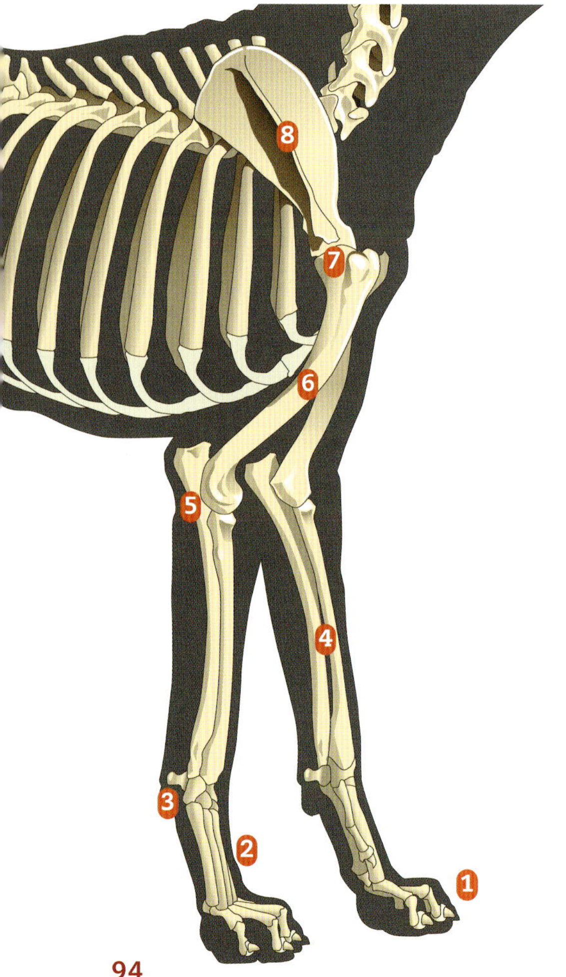


Ich möchte Ihnen ans Herz legen, die Vorderbeine Ihres Hundes von den Pfoten aufwärts bis hin zum Schulterblatt ruhig einige Male sanft abzutasten und sich dabei eine Orientierung über die Lage der Gelenke zu verschaffen. Wie schon bei der Hinterhand finden sich auch hier Knochen und Gelenke, die beim Menschen ebenso bezeichnet werden. Im Gegensatz zum Hund hat der Mensch allerdings beispielsweise ein Schlüsselbein, das eine knöcherne Verbindung zwischen Armen und Brustbein herstellt. Beim Hund ist davon nur noch als sehr rudimentäres Überbleibsel ein Sehnenstreifen in der Muskulatur vorhanden. **Die Vorderhand des Hundes ist also an keiner einzigen Stelle knöchern mit dem Rumpf verbunden.** Dennoch ist sie in ihrem Bewegungsumfang im Vergleich zum Menschen eingeschränkt. Hunde können ihre Vorderbeine kaum seitlich ausstrecken, sondern im Wesentlichen nur vor- und zurückbewegen[2].

Die Verbindung zwischen Vorderhand und Rumpf besteht beim Hund ausschließlich aus Muskeln, Bändern, Sehnen, Faszien und anderem Bindegewebe. Das ist deshalb so bemerkenswert, weil es beispielhaft sehr gut zeigt, wie exakt die jeweiligen Körperbereiche auf ihre Aufgaben und Funktionen abgestimmt sind. **Wie bereits beschrieben, muss die Vorderhand den größeren Anteil des Körpergewichtes des Hundes tragen und insbesondere nach**

2 Eine echte Ausnahme bildet der Norwegische Lundehund, der tatsächlich eine abweichende Anatomie entwickelt hat und dessen Vorderhand sehr viel beweglicher ist als die anderer Hunde.

**Sprüngen in der Lage sein, die Körperlast aufzufangen und abzufedern.** Die Muskulatur nimmt dabei zusammen mit dem übrigen Gewebe die Funktion eines Stoßdämpfers wahr. Schauen Sie sich einmal den Sprung eines Hundes über ein Hindernis in Zeitlupe an und beachten Sie, wie tief er mit der Vorderhand einfedert.

Andererseits ist die Vorderhand des Hundes führend beim Beibehalten oder auch beim Wechseln der Laufrichtung. Das erfordert wiederum eine große Seitenstabilität des Schultergelenks, das in seiner Grundform zwar ein Kugelgelenk ist, jedoch in seiner Bewegungsrichtung im Wesentlichen auf eine Vor- und Zurückbewegung (Streckung und Beugung) beschränkt wird. **Diese Stabilisierung und gewollte Einschränkung der seitlichen Beweglichkeit nimmt beim Hund vor allem die Muskulatur wahr, die hier wie ein Seitenband wirkt.**

Um die Bewegung des Schulterblattes einmal nachzuvollziehen, legen Sie einfach Ihre Hände rechts und links auf die Schulterblätter Ihres Hundes und gehen Sie so ein paar Schritte mit ihm. Sie können dann spüren, dass das Schulterblatt in der Mitte wie am Hund festgepinnt wirkt, sich aber am oberen Rand und beim Übergang zum Schultergelenk deutlich bewegt.

Wie schon bei der Hinterhand ist die Statur der Vorderhand ebenfalls bei Hunden sehr unterschiedlich ausgeprägt. Die langbeinigen Windhundetypen stehen ganz anders da als die kompakt und kräftig gebauten Typen. Je mehr Körpergewicht ein Hundetyp zu tragen hat, desto deutlicher ist in der Regel die Muskulatur seiner Vorderhand ausgeprägt. Auch hier gilt: Körperarbeit ist für alle Hundetypen geeignet und die hier vorgestellten Übungen können von allen gesunden Hunden ausgeführt werden.

## Übungsbereich 1 Positionierungsübungen

Wie bereits bei den Übungen für die Hinterhand wird auch hier zunächst mit Positionierungsübungen begonnen. Nach der gleich folgenden Einzelübung 1.1 für den Einstieg können zunächst die für die Hinterhand beschriebenen Positionierungsübungen ebenso für die Vorderhand durchgeführt werden, also das Verkleinern des Gegenstandes und das Nutzen von zwei Gegenständen, auf denen die

Pfoten jeweils einzeln stehen sollen. Da die meisten Hunde mit der Vorderhand etwas geschickter sind als mit der Hinterhand, habe ich noch zwei weitere Positionierungsübungen beschrieben, die etwas anspruchsvoller sind. Grundsätzlich sind diese – bei entsprechendem Trainingszustand des Hundes – auch mit der Hinterhand durchführbar.

## Einzelübung 1.1 Stehen mit der Vorderhand auf stabiler, gerader Erhöhung

Diese einfache Einstiegsübung dient vor allem dazu, dem Hund die folgende Grundidee zu vermitteln: Die Vorderhand wird positioniert und die Position wird so lange gehalten, bis die Übung beendet ist. Sie benötigen einen stabilen Gegenstand, der einige Zentimeter hoch ist und ausreichend Platz für die Hundepfoten bietet. Die Pfoten sollten darauf mindestens hundeschulterbreit nebeneinander stehen können. Verwenden Sie, was immer Sie in Ihrem Haushalt finden. **Achten Sie jedoch darauf, dass der Gegenstand auf dem Boden fest und stabil steht und nicht wegrutscht.** Es gibt jetzt zwei einfache Möglichkeiten, wie Sie die Vorderhand Ihres Hundes auf den Übungsgegenstand bringen können. Falls Sie Ihrem Hund für das Berühren eines Gegenstandes mit der Pfote ein Signalwort beigebracht haben (siehe Übungsbereich „Pfoteneinsatz/ Pfotenfertigkeit"), können Sie ihn auf diese Weise zunächst den Gegenstand berühren lassen und diese Berührung dann zeitlich einfach ausweiten, so dass er auf dem Gegenstand stehen bleibt. Alternativ stellen Sie den Gegenstand zwischen sich und Ihren Hund

*Timber steht vorne sehr gut, seine Hinterpfoten könnten noch besser nebeneinander stehen, um eine gleichmäßige Gewichtsverteilung zu gewährleisten.*

und locken ihn mit einem Leckerchen zu sich hin, so dass er die Pfoten auf den Gegenstand setzt. Vielleicht macht er zuerst einmal einen ganz langen Hals oder bewegt sich rechts oder links am Gegenstand vorbei, um an die Belohnung zu kommen. Nehmen Sie das Leckerchen dann einfach aus seiner Sicht und versuchen Sie es erneut. Sobald seine Vorderpfoten den Gegenstand betreten, bestätigen Sie dies. Jetzt geht es darum, dass Ihr Hund genau so stehen bleiben soll. Falls Ihr Hund das Signal „steh" kennt, können Sie es nutzen. Wenn nicht, könnten Sie es jetzt einführen. **Bestätigen Sie das ruhige Stehen auf dem Gegenstand anfangs in sehr kurzen Abständen mehrmals nacheinander. Nach und nach können Sie die Abstände verlängern.** Optimalerweise steht Ihr Hund 10 bis 15 Sekunden ruhig und mit gleichmäßiger Gewichtsverteilung auf rechter und linker Körperhälfte. Schauen Sie auf seine Pfoten. Sie sollen die ganze Zeit nebeneinander stehen. Der Rücken Ihres Hundes sollte vom Rutenansatz bis hin zum Nacken eine gerade Linie bilden. Wie bei den Positionierungsübungen für die Hinterhand soll auch hier der Kopf Ihres Hundes geradeaus gerichtet sein. Er soll weder stark nach oben gerichtet noch nach unten orientiert sein.

Nachdem Ihr Hund die Position 10 bis 15 Sekunden gehalten hat, geben Sie ihm sein Freigabesignal und er darf mit der Vorderhand wieder vom Gegenstand heruntersteigen. **Sobald Ihr Hund verstanden hat, dass hier tatsächlich das gerade Stehen seine einzige Aufgabe ist, können Sie den Schwierigkeitsgrad steigern**: Ähnlich wie bei der Hinterhand beschrieben, lassen Sie Ihren Hund nun die Vorderhand zunächst auf kleineren Gegenständen und schließlich auch auf zwei Gegenständen positionieren und diese Positionen halten.

*Hier zeigt Timber die Positionierungsübung auf dem Balken in perfekter Haltung. Der Raum für die Vorderpfoten ist nach vorne und hinten begrenzt.*

*Tucker zeigt die Positionierungsübung bei seitlich begrenzter Stellfläche für die Vorderpfoten.*

*Positionierung auf zwei nebeneinander liegenden, stabilen Gegenständen – Suerte zeigt, wie das aussehen sollte.*

Ich empfehle Ihnen, erst danach mit den folgenden Übungen zu beginnen.

## Einzelübung 1.2
## Stehen mit der Vorderhand auf stabiler, schräger Erhöhung

Für diese Übung benötigen Sie ein stabiles Holzbrett und ein oder zwei Ziegelsteine oder etwas Vergleichbares. Während bei den bisherigen Übungen immer darauf zu achten war, dass der Hund rechts und links mit gleicher Gewichtsbelastung stehen sollte, weichen wir bei dieser Übung nun davon ab. **Eine moderate und vor allem kontrollierte Mehrbelastung mal der einen und mal der anderen Körperhälfte (Wichtig: immer gleichmäßig im Wechsel!) fördert die Balance und sorgt für eine abwechslungsreiche Beanspruchung der Muskulatur.**

Legen Sie das Holzbrett mit der kurzen Seite auf den Ziegelstein, so dass eine Art Steg entsteht. Prüfen Sie die Stabilität, bevor Sie Ihren Hund darauf steigen lassen. Das Brett sollte nicht kippeln oder vom Ziegelstein abrutschen können. Dieses Brett wird aber nicht längs, sondern quer betreten. Das heißt, Ihr Hund soll mit der Vorderhand so auf dem Brett stehen, dass die eine Körperseite dem Ziegelstein zugewandt ist und die andere dem unteren Ende des Stegs. Auch hier geht es darum, dass Ihr Hund diese Position 10 bis 15 Sekunden hält.

*Anstelle eines Ziegelsteines wurde hier ein Holzbalken zum einseitigen Hochlegen des Brettes verwendet. Timbers linke Vorderpfote steht höher als die rechte, was in dieser Übung genau so gewollt ist.*

Anschließend lassen Sie ihn von dem Brett heruntersteigen, führen ihn von der anderen Seite an das Brett heran und lassen nun die Übung erneut absolvieren. So ist zwar die Gewichtsbelastung bei jeder Einzelübung unterschiedlich, in Summe aber wieder auf beide Seiten gleichmäßig verteilt.

## Einzelübung 1.3
## Stehen mit der Vorderhand auf einem halbrunden Gegenstand

Ein weiteres Beispiel für eine der vielen Übungsmöglichkeiten ist das Positionieren auf einem halbrunden Gegenstand. Dieser sollte keine glatte Oberfläche haben, sondern so beschaffen sein, dass der Hund mit den Pfoten Halt finden kann. Verwendbar als kleine Variante sind halbe Igelbälle.

Als große Varianten kommen halbierte Baumstämme infrage. Der Übungsverlauf selbst unterscheidet sich kaum von den bisherigen Positionierungsübungen: Der Hund wird auf den Gegenstand gelockt und hält die Position auf dem Halbrund so lange, bis er sein Ende-Signal bekommt. **Die Herausforderung für den Hund besteht bei dieser Übung darin, seine Pfoten und darüber sein Körpergewicht so zu positionieren und zu halten, dass er nicht aus dem Gleichgewicht gerät oder mit den Pfoten an der Rundung des Gegenstandes ins Rutschen kommt.** Hier ist der Übergang zu den Stabilisierungsübungen fließend, da natürlich auch diese Übungen die Haltemuskulatur aktivieren.

# Übungsbereich 2
# Stabilisierungsübungen

Wie schon bei den Übungen für die Hinterhand beschrieben, verfolgen Stabilisierungsübungen mehrere Ziele: **Der Hund soll in der Lage sein, eine bestimmte Position entweder stabil beizubehalten oder diese Stabilität schnell wieder herzustellen, wenn der Untergrund plötzlich in Bewegung gerät.** Damit das klappt, benötigt er nicht nur Vertrauen in seine Fähigkeit

*Pamo zeigt die Übung auf einem halben Igelball.*

zur Balance, sondern auch eine geübte und schnelle Reaktion seiner Bewegungsrezeptoren und Nervenzellen, die die Informationen über aktuelle Positionen seiner Gelenke entsprechend im Körper weiterleiten. Und nicht zuletzt benötigt er eine gute Muskulatur, die in der Lage ist, angemessen und richtig dosiert zu reagieren, um Stolpern, Wegrutschen, Ausrutschen und Ähnliches zu vermeiden. Diese Fähigkeiten versuchen wir mit Stabilisierungsübungen zusätzlich zu fördern.

## Einzelübung 2.1 Stehen mit der Vorderhand auf wackeligem, großflächigem Gegenstand

Im Grunde handelt es sich hier um eine Positionierungsübung auf wackeligem Untergrund. Der Übungsaufbau entspricht daher zunächst den bereits beschriebenen Übungen, wobei auch hier die Regel „vom Einfachen zum Schwierigen" eingehalten werden sollte. **Deshalb beginnen Sie bitte mit einem großflächigen wackeligen Gegenstand.** Das kann eine Luftmatratze sein, ein großes Sofakissen, ein Stück Schaumstoff oder auch ein luftgefülltes Balance Pad. Wenn Sie einen luftgefüllten Gegenstand verwenden, dann tasten Sie sich an die richtige Füllung in Ruhe heran. Mit mehr Luft ist die Übung leichter als mit wenig, da der Hund bei einer Gewichtsverlagerung dann nicht so tief einsinken kann. Führen oder locken Sie Ihren Hund mit der Vorderhand auf den Gegenstand. Sobald er sich ausbalanciert hat und ruhig steht, achten Sie auch hier wieder auf eine gute Haltung: Der Rücken sollte gerade und die Pfoten rechts und links gleichmäßig belastet sein. Ihr Hund sollte ca. zehn Sekunden gut ausbalanciert und gerade stehen können. Ist dies der Fall, dann locken Sie ihn mit einem Leckerchen oder Nasentarget sehr langsam in eine Kopfbewegung abwechselnd nach links und rechts. Hierbei soll kein Schritt zur Seite gemacht, sondern lediglich eine kleine Gewichtsverlagerung provoziert werden. **Die Bewegung mit dem Kopf zur Seite darf nur gerade so weit gehen, dass Ihr Hund in der Lage ist, die Balance zu halten.** Es ist nicht notwendig, dass er sich dabei sehr stark zur Seite streckt. Entscheidend ist,

*Timber steht zunächst schön gerade und zeigt auf dem zweiten Bild die Bewegung nach links.*

dass ein Ausbalancieren stattfindet. Locken Sie Ihren Hund jeweils drei Mal nach links und nach rechts und halten Sie ihn dort jeweils ca. eine Sekunde. Anschließend lassen Sie ihn mit dem Signal für das Ende der Übung wieder von dem Gegenstand heruntersteigen.

Auf einem großen wackeligen Gegenstand ist die Übung noch recht einfach, weil Ihr Hund sich relativ breit und somit stabil aufstellen kann. Schwieriger wird es, wenn Sie den Gegenstand verkleinern.

## Einzelübung 2.2 Stehen mit der Vorderhand auf wackeligem, kleinflächigem Gegenstand

Wählen Sie als Nächstes einen beweglichen Gegenstand, auf dem Ihr Hund die Vorderpfoten relativ dicht nebeneinander stellen muss. Dies kann ein kleines Kissen oder ein sehr kleines Balance Pad sein.

Sie können aber auch beispielsweise eine Targetmatte verwenden, die Sie auf einen größeren wackeligen Gegenstand legen. Wenn Ihr Hund die Targetmatte bereits kennt, wird er nach kurzer Übung verstehen, dass er nur diesen Bereich betreten darf und Sie erzielen dann den gleichen Effekt: **Das Ausbalancieren ist wesentlich schwieriger, wenn die Pfoten dabei dicht nebeneinander stehen bleiben sollen.** Wenn Sie diesen Unterschied mal selbst ausprobieren möchten, dann stellen Sie sich nacheinander zuerst mit schulterbreit auseinanderstehenden Füßen auf einen beweglichen Untergrund und beugen sich abwechselnd nach rechts und links. Einfach? Dann stellen Sie jetzt beide Füße

*Timber übt noch, die zweite Pfote soll ebenfalls mit auf das Pad.*

direkt und ohne Abstand nebeneinander und probieren es noch einmal. Das Körpergewicht auszubalancieren, wenn nur sehr wenig Platz für die Füße vorhanden ist, ist schwieriger. Dies zeigt sich, wenn Sie Ihren Hund, wie schon bei der vorherigen Übung, mit einem Leckerchen oder Nasentarget abwechselnd für jeweils ca. eine Sekunde in eine Bewegung nach rechts und nach links locken. Beginnen Sie aber erst dann Ihren Hund mit der Nase seitwärts zu locken, wenn er vorher ca. zehn Sekunden stabil und mit geradem Rücken mit der Vorderhand auf dem kleinen Gegenstand gestanden hat.

Auch hier gilt: Es ist nicht entscheidend, wie weit Ihr Hund sich mit der Nase nach rechts oder links bewegt. Wichtig ist nur, dass er dabei mit den Pfoten stehen bleibt und sich ausbalanciert. **Gerade zu Beginn empfiehlt es sich deshalb, mit kleinen Bewegungen zu arbeiten, damit der Hund bei der Übung zunächst Sicherheit gewinnt.** Falls Ihr Hund einen seitlichen Ausfallschritt macht, haben Sie zu viel Bewegung verlangt und beginnen einfach noch einmal von vorne.

Die Übungen 2.1 und 2.2 können im Laufe der Zeit auch anspruchsvoller gestaltet werden. Bei luftgefüllten Gegenständen kann zum Beispiel etwas Luft abgelassen werden. Das Balancieren wird dann schwieriger. Als Untergrund kann für fortgeschrittene Hunde auch ein zu allen Seiten bewegliches Wackelbrett verwendet werden. Allerdings sollte dafür der Hund sehr gut vorbereitet und auch schon längere Zeit mit Übungen und Bewegungsabläufen dieser Art vertraut sein.

*Suerte steht stabil. Aus dieser Position heraus kann nun mit der Seitwärtsbewegung begonnen werden.*

## Einzelübung 2.3 Isometrische Übung Vorderhand – Einstieg

Die isometrischen Übungen für die Vorderhand entsprechen im Wesentlichen den bereits für die Hinterhand beschriebenen. Deshalb beschreibe ich hier nur den leicht abweichenden Ablauf und empfehle für allgemeine Hinweise zu dieser Übungsform noch einmal bei den isometrischen Übungen für die Hinterhand nachzulesen. Ausgangsposition der Übung ist der gerade vor Ihnen stehende Hund. Hocken oder knien Sie sich so hin, dass Sie, ohne sich über Ihren Hund zu beugen, Ihre Hände rechts und links an seinen Oberarm-Schulterbereich legen können.

Warten Sie einen kleinen Moment und üben Sie dann ganz geringen Druck mit der rechten Hand aus, so als wollten Sie Ihren Hund sanft nach links schieben. **Der Druck bleibt konstant und wird nicht gesteigert.** Ihre linke Hand bleibt ganz locker liegen und übt keinerlei Gegendruck aus. Den Gegendruck soll Ihr Hund selbst durch leichte Anspannung seiner Muskulatur aufbauen. Halten Sie den Druck etwa fünf Sekunden aufrecht und geben Sie dann ganz vorsichtig wieder nach. Anschließend üben Sie mit der linken Hand leichten Druck aus und Ihre rechte Hand liegt nur noch locker an. Auch hier halten Sie den Druck etwa fünf Sekunden aufrecht, sobald Ihr Hund seine Muskulatur anspannt. Führen Sie die Übung abwechselnd rechts und links und insgesamt drei Mal pro Seite durch. Das Ziel der Übung ist erreicht, wenn der Hund abwechselnd auf jeder Seite drei Mal fünf Sekunden Muskelspannung aufbaut

*Hier sehen Sie die Ausgangsposition für isometrische Übungen mit der Vorderhand.*

und genau in seiner Position stehen bleibt, also keinen Ausfallschritt zur Seite unternimmt.

## Einzelübung 2.4 Isometrische Übung Vorderhand – tief

Für diese Übung wird ein stabiler Gegenstand benötigt, auf dem Ihr Hund mit der Hinterhand stehen kann. Es kann auch eine Treppenstufe genutzt werden. Entscheidend ist nur, dass Ihr Hund mit der Hinterhand etwas höher steht und somit mehr Last auf die tiefer stehende Vorderhand aufnimmt.

In dieser Position wird nun die isometrische Übung, ebenso wie vorher beschrieben, durchgeführt. Auch hier hocken Sie sich also vor Ihren Hund. Achten Sie darauf, dass sein Rücken eine gerade Linie bildet und legen Sie Ihre Hände rechts und links in der Region Oberarm-Schulterblatt an. Sein Kopf sollte geradeaus gerichtet und nicht nach oben überstreckt sein. Dann üben Sie leichten Druck abwechselnd und jeweils ca. fünf Sekunden lang auf der rechten und der linken Seite aus. **Der Druck darf nur so leicht sein, dass Ihr Hund allein durch Anspannung der Muskulatur dagegenhalten kann.** Auch diese Übung können Sie pro Seite drei Mal durchführen.

## Einzelübung 2.5 Isometrische Übung Vorderhand auf wackeligem Gegenstand

Die letzte hier beschriebene isometrische Übung kombiniert bereits bekannte Übungsschritte. Wenn Ihr Hund die vorhergehenden Übungen schon kennt, wird er hiermit keine Schwierigkeiten haben. Den

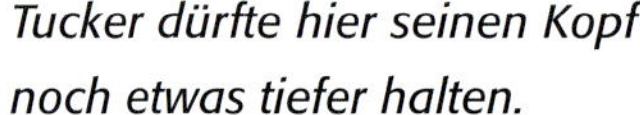

*Tucker dürfte hier seinen Kopf noch etwas tiefer halten.*

Aufbau kennen Sie bereits aus der Übung 2.1 „Stehen mit der Vorderhand auf wackeligem, großflächigem Gegenstand". Verwenden Sie einfach den Gegenstand, den Sie für diese Übung genutzt haben. Ihr Hund sollte mit allen vier Pfoten ungefähr auf gleicher Höhe stehen. Verwenden Sie zum Beispiel als festen Untergrund für die Hinterhand eine stabile Kiste. Führen Sie nun Ihren Hund so über die Gegenstände, dass er mit den Hinterbeinen auf festem Untergrund und mit der Vorderhand auf Ihrem wackeligen Gegenstand steht. Sein Rücken sollte dabei gerade und seine Haltung insgesamt entspannt sein. Anschließend hocken Sie sich vor ihn und führen die isometrischen Übungen wie bisher durch.

Ihr Hund muss nun etwas mehr Muskelarbeit leisten, um dem leichten Druck entgegenzuwirken. Denn jetzt muss er zusätzlich den wackeligen Untergrund ausgleichen. Unterschätzen Sie deshalb nicht die Wirkung dieser Übung. Sie sieht einfach aus, ist jedoch durchaus anstrengend für den Hund, wenn sie sorgfältig durchgeführt wird. **Nutzen Sie Ihre Hände zum Erspüren der Muskelarbeit.** Sie können sehr genau fühlen, ab wann Ihr Hund die Muskulatur anspannt. Mehr Druck wird dann nicht benötigt. Eine Steigerung des Übungseffektes, zum Beispiel in der Rehabilitation oder beim gezielten Muskelaufbautraining, wird bei isometrischen Übungen vor allem durch Anpassung der Dauer der Muskelanspannung sowie der Anzahl von Wiederholungen erreicht. In der Körperarbeit ist dies nicht notwendig.

*Jigi ist ganz konzentriert während der Übung.*

# Übungsbereich 3 Bewegungsübungen

## Einzelübung 3.1 Seitwärtsbewegung Vorderhand Basisübung

Bei den Übungen für die Hinterhand haben Sie Ihren Hund bereits seitwärts über eine Stange treten lassen. **Jetzt intensivieren wir die Seitwärtsbewegung mit der Vorderhand.** Wenn Ihr Hund bereits das Berühren von Gegenständen und das Stehen auf Gegenständen mit der Vorderhand kennt, ist nun auch diese Übung für ihn leichter zu erlernen. Sie benötigen zwei Gegenstände, die Ihr Hund am besten aus den vorhergehenden Übungen bereits kennt. Diese legen Sie direkt nebeneinander vor ihn auf einen rutschfesten Boden. Nun animieren Sie ihn, zunächst mit beiden Vorderpfoten auf einen der beiden Gegenstände zu steigen. Steht er dort stabil, locken Sie ihn mit Futter oder Handtarget in Richtung des zweiten Gegenstandes. Ihr Hund sollte nun in einer Seitwärtsbewegung mit der Vorderhand auf den zweiten Gegenstand steigen. Steht er dort wiederum stabil, locken Sie ihn wieder zurück auf den ersten Gegenstand, so dass erneut eine Seitwärtsbewegung der Vorderhand – diesmal in die andere Richtung – stattfindet.

Wenn Sie möchten, vermitteln Sie Ihrem Hund ein Wortsignal für diese Bewegung, zum Beispiel „Seite links“ und „Seite rechts“. **Wenn Ihr Hund das Prinzip des Wechselns von Gegenstand zu Gegenstand in beide Richtungen verstanden hat, können Sie diese Übung sehr vielfältig variieren.** Verändern Sie den Abstand zwischen den Gegenständen, so dass Ihr Hund einen größeren Schritt seitwärts machen muss. Verwenden Sie zunehmend kleinere Gegenstände, verändern Sie die Höhe der Gegenstände, nutzen Sie nicht nur stabile, sondern auch wackelige Gegenstände wie Balance Pads oder einfach mal einen Stapel alter Zeitungen. Je kleiner und wackeliger die Gegenstände sind, desto mehr wird bei der Übung auch die Koordination und Balance Ihres Hundes gefordert.

*Mona zeigt, wie es geht.*

Sie können auch nach und nach weitere Gegenstände hinzunehmen und diese kreisförmig anordnen, so dass Ihr Hund eine komplette Runde rechtsherum seitwärts und anschließend linksherum seitwärts gehen lernt. **Die Gegenstände sind lediglich ein Hilfsmittel, sie vermitteln dem Hund eine Vorstellung, wohin er seine Pfoten setzen soll.** Grundsätzlich geht es auch ganz ohne Gegenstände.

## Einzelübung 3.2 Seitwärts Umrunden mit der Vorderhand

Diese Übung scheint zunächst sehr ähnlich. Tatsächlich werden zwar bei allen Übungen nahezu alle Muskeln des Körpers mehr oder weniger intensiv beansprucht. Aber während mit der ersten Übung vor allem die Seitwärtsbewegung an sich trainiert wird, kommt bei dieser Übung eine zusätzliche Gewichtsbelastung der Vorderhand und damit eine stärkere Beanspruchung der Vorderhandmuskulatur hinzu.

Sie benötigen einen nicht zu großen, etwa fünf bis zehn Zentimeter hohen Gegenstand. Ihr Hund sollte diesen Gegenstand bereits kennen und er sollte gelernt haben, mit den Hinterpfoten darauf zu stehen. Der Aufbau der Übung entspricht ansonsten dem „Seitwärts Umrunden mit der Hinterhand" aus den Bewegungsübungen für die Hinterhand. Der Unterschied ist lediglich, dass hier die Hinterhand auf dem Gegenstand stationiert wird und dort auch während der gesamten Übung bleiben soll, während der Hund mit der Vorderhand den Gegenstand umrundet.

*Suerte zeigt hier eine halbe Seitwärtsumrundung mit der Vorderhand. Ihre Hinterpfoten bleiben die ganze Zeit auf dem Übungspad.*

Diese Übung ist oft nicht ganz so einfach für die Hunde. Warum? Weil Hunde mit der Hinterhand nicht ausreichend „denken", sondern diese einfach irgendwie in die Bewegung mitnehmen und sie eben nicht an einer Stelle stationiert lassen. **Sie sollten die Basisübung „Seitwärtsbewegung mit der Vorderhand" in beide Richtungen mit Ihrem Hund ausreichend oft trainiert haben, damit Sie sich bei dieser Übung auf das Stehenbleiben mit der Hinterhand konzentrieren können.**

Beginnen Sie, indem Sie den Hund mit der Hinterhand auf den Gegenstand treten lassen. In dieser Position soll er einen Moment verharren. Nun geben Sie ihm das Wortsignal für die Seitwärtsbewegung und helfen ihm gerne mit leichtem seitlichem Schub mit der Hand, die richtige Richtung zu finden. Falls er dazu neigt, mit der Hinterhand vom Gegenstand herunterzusteigen, beginnen Sie mit sehr kleinen Schritten und bestätigen Sie jeden einzelnen Schritt der Vorderhand, bei dem die Hinterhand auf dem Gegenstand geblieben ist. **Mit viel Geduld und passender Bestätigung lernt der Hund, dass die Bewegung nur aus der Vorderhand kommen soll.**

Denken Sie auch bei dieser Übung daran, immer in beide Richtungen zu arbeiten. Sie werden schnell bemerken, welche Richtung Ihrem Hund schwerer fällt. Diese Richtung üben Sie bitte immer eine Runde mehr.

## Einzelübung 3.3 Vorderpfote anheben und halten

Diese Übung baut auf einer Bewegung auf, die Hunde meistens ganz gerne von sich aus anbieten: Dem Anheben der Vorderpfote. Allerdings erarbeiten wir diese Bewegung in der Körperarbeit aus dem Stehen. Sollte Ihr Hund das Pfotegeben/-anheben noch nicht kennen, führen Sie die beschriebenen Übungsschritte einfach zunächst aus dem Sitzen aus. Erst nachdem Ihr Hund den Bewegungsablauf verstanden und verinnerlicht hat, gehen Sie dazu über, die Übung auch aus dem Stehen ausführen zu lassen. **Mit der Übung werden zwei wesentliche Dinge erreicht: Die Ausbalancierung des Körpergewichts wird verbessert und die Bewegungs- und Haltemuskulatur der Vorderhand wird aktiviert.**

Wenn Sie die im Kapitel zu den Pfoten vorgeschlagenen Übungen bereits erarbeitet haben, können Sie hier darauf zurückgreifen. Nutzen Sie zum Beispiel den Targetgegenstand, den Ihr Hund bereits mit den Pfoten zu berühren gelernt hat oder verwenden Sie Ihre Hand als Target. Stellen oder hocken Sie sich vor Ihren stehenden Hund, halten Sie Target oder Hand wenige Zentimeter über den Boden vor Ihren Hund und motivieren Sie ihn, die Pfote darauf zu setzen. Üben Sie diesen Schritt mit rechter und linker Pfote gleichermaßen und entfernen Sie Target oder Hand dabei nach und nach immer weiter vom Boden aus nach oben. **Gehen Sie dabei maximal bis auf Ellenbogenhöhe, damit Ihr Hund beim Anheben seines Vorderbeins keine**

**seitliche Ausweichbewegung macht.** Es ist wichtig, dass die Bewegungsrichtung jeweils gerade nach vorne verläuft. In diesem ersten Übungsschritt soll Ihr Hund die Pfote dann auch auf dem Target oder Ihrer Hand absetzen und Sie halten diese für einen kleinen Moment, bevor Sie sie sanft und – das ist sehr wichtig – mit einem Beendigungssignal wieder absetzen lassen. Ihr Hund muss in diesem Übungsschritt zwar bereits das Gleichgewicht auf drei Beinen halten, hat aber dabei zunächst noch Ihre Unterstützung. Belegen Sie die Bewegung mit einem Wortsignal oder nutzen Sie eine einladende körpersprachliche Bewegung, um Ihren Hund in die gewünschte Bewegung zu locken.

Im zweiten Schritt bauen Sie diese Unterstützung ab, indem Sie das Anheben der jeweiligen Vorderpfote mit dem Wortsignal oder körpersprachlich einfordern, ohne dass Ihr Hund seine Pfoten dabei auf Hand oder Target fest absetzen kann. Die meisten Hunde reagieren, indem sie die Pfote zwar anheben, aber mangels „Ablagegelegenheit“ relativ schnell wieder absetzen. **Bestätigen Sie Ihren Hund für den Moment des freien Hebens der Pfote.** Nutzen Sie außerdem das Ihrem Hund bereits bekannte Beendigungssignal, um ihm deutlich zu machen, wann er die Pfote wieder absetzen soll. Geben Sie ihm anfangs das Beendigungssignal sehr schnell und zögern Sie es nach und nach immer ein wenig weiter heraus. Ziel ist es, dass

*Tuja ist ganz aufmerksam dabei.*

*Tuja hat gelernt, auf ein körpersprachliches Signal hin ihre rechte Vorderpfote aus dem Stand anzuheben und zu halten.*

Ihr Hund auf das entsprechende Signal hin sowohl das linke als auch das rechte Vorderbein auf einer Höhe zwischen Karpal- und Ellenbogengelenk nach vorne anheben und angehoben für ein bis zwei Sekunden halten kann.

## Einzelübung 3.4 Spanischer Schritt – für Fortgeschrittene

Der „Spanische Schritt" ist eine ziemlich komplexe Übung, weil hier Bewegungsmuskulatur und Haltemuskulatur ebenso gefordert sind wie das Koordinationsvermögen und der Hund sich zusätzlich in der ungewohnten Bewegung ausbalancieren muss. Wie bei fast allen Übungen ist auch bei dieser der ganze Körper gefordert. Ich habe sie in das Kapitel für die Vorderhand eingeordnet, weil ein Großteil der Bewegung aus der Vorderhand kommt. Sie werden aber sehen, dass hier auch die Muskulatur der Hinterhand mitarbeitet und das Gleichgewichtsgefühl des Hundes gefordert ist. **Beginnen Sie mit dieser Übung erst dann, wenn Ihr Hund das Anheben und Halten der Vorderpfoten aus dem Stehen bereits gut verstanden hat.** Ist ihm diese Übung vertraut, können Sie den Spanischen Schritt darauf aufbauen.

Als Erstes lassen Sie Ihren Hund die vorherige Übung, das Anheben und Halten der Vorderpfoten, im Wechsel rechts und links durchführen. Das heißt, unmittelbar nach dem Anheben und Halten der einen Pfote animieren Sie Ihren Hund zu einer Wiederholung mit der anderen Pfote. Es soll zunächst ein gleichmäßiger, wiegender Wechsel, ähnlich eines Gehens auf der Stelle, entstehen. Sie können diese Bewegung Ihres Hundes mit entsprechender gleichmäßiger Auf- und Abbewegung

Ihrer Hände unterstützen. Gelingt die Übung auf der Stelle, so ist es bis zum Spanischen Schritt in der Vorwärtsbewegung scheinbar nur noch eine geringe Veränderung. Diese verlangt Ihrem Hund aber noch einmal deutlich mehr Koordination und Balance ab.

Führen Sie die Übung mit gleicher Unterstützung wie bisher durch, gehen Sie jedoch währenddessen ein klein wenig rückwärts und locken Sie Ihren Hund mit sich. **Ziel ist es, dass er den vorher erlernten gleichmäßigen Bewegungsablauf nun in die Vorwärtsbewegung mitnimmt.** Das höhere Anheben der Vorderbeine während der Gehbewegung langsam und konzentriert durchzuführen, ist eine sehr gute Übung für die Koordination, für die Muskulatur der Vorderhand und für die Haltemuskulatur der Hinterhand und der Wirbelsäule. **Achten Sie allerdings immer darauf, kein zu hohes Anheben der Vorderbeine zu verlangen.** Lassen Sie Ihren Hund maximal vier Schritte in dieser Ausführung laufen. Wichtiger als die Anzahl der Schritte ist die genaue und ruhige Durchführung.

*Suerte zeigt hier, wie hoch die Vorderbeine beim Spanischen Schritt in der Körperarbeit maximal angehoben werden sollten.*

# Übungsbereich 4
# Berührung und Massage

## Anregende Bürstenmassage

Wie bereits im Abschnitt zur Hinterhand beschrieben, empfiehlt sich die anregende Bürstenmassage zu Beginn einer Übungseinheit. Diese kann auch am stehenden Hund durchgeführt werden. Bürsten Sie zuerst die Pfoten Ihres Hundes. Falls Sie diese benannt haben, können Sie ihm ankündigen, mit welcher Sie beginnen werden. Nehmen Sie die Pfote sanft auf und bürsten Sie mit drei bis vier kleinen Kreisen oder kurzen Strichen die Unterseite und setzen Sie die Pfote wieder ab. **Achten Sie darauf, die Pfote nicht nach außen vom Körper des Hundes wegzuziehen.**

Wenn Sie beide Vorderpfoten auf der Unterseite bearbeitet haben, geht es an den Beinen weiter. Beginnen Sie mit einem Bein und bürsten Sie es komplett, bevor Sie auf die andere Seite wechseln. Zuerst bürsten Sie auf der Innenseite mit (nicht zu) kräftigen, kurzen Bürstenstrichen von unten nach oben, angefangen bei der Pfote – achten Sie dabei auf die Daumenkralle Ihres Hundes! –, am Karpalgelenk entlang, zum Ellenbogen und von dort aus am Oberarm entlang bis zur Vorderbrust. Das Gleiche wiederholen Sie auf der Vorderseite des Beins, danach auf der Rückseite bis kurz über den Ellenbogen. Zuletzt bürsten Sie die Außenseite des Beins von unten nach oben bis zum Schultergelenk und schließen dann mit den letzten Bürstenstrichen über das Schulterblatt ab.

## Streichungen

Eine entspannende Massage der Vorderhand beginnt und endet mit Streichungen. Teilweise werden dabei die Beine mit einer Hand umfasst, wie es auch schon im Kapitel über die Hinterhand beschrieben wurde, und teilweise wird mit der flachen Hand gearbeitet. Zu Beginn sollte Ihr Hund auf der Seite liegen. Sofern es ihn nicht stört,

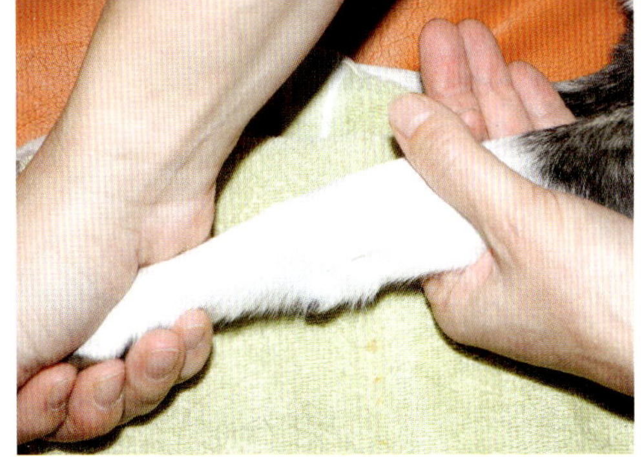

*Ausstreichen des Vorderbeins mit ringförmigem Griff*

wenn Sie über ihn greifen, dann kann er mit dem Rücken zu Ihnen liegen. Andernfalls liegt er besser mit den Pfoten Ihnen zugewandt. Verwenden Sie für die gerade Lagerung des oben liegenden Vorderbeins wieder ein eingerolltes Handtuch oder ein Kissen. Nehmen Sie nun die Pfote des oben liegenden Vorderbeins in die Hand und greifen Sie mit der anderen Hand ringförmig um den Mittelfuß. So streichen Sie das gesamte Bein rundherum mit sanftem Druck von unten nach oben bis zum Ellenbogengelenk aus.

Führen Sie diese Streichung fünf bis sechs Mal langsam durch. Ab dem Ellenbogengelenk arbeiten Sie mit der flachen Hand bzw. bei kleinen Hunden mit zwei oder drei flach nebeneinander liegenden Fingern weiter. Streichen Sie am Oberarm entlang bis zum Schultergelenk und streichen Sie die Muskulatur auf dem Schulterblatt ebenfalls fünf bis sechs Mal aus. Achten Sie auf die Druckstärke. Sie darf nicht zu stark sein und muss immer dann deutlich reduziert werden, wenn Sie unter Ihren Händen Gelenke und Knochenvorsprünge spüren. **Orientieren Sie sich wieder an der Druckstärke, die Sie benötigen, um lose Haare aus dem Fell Ihres Hundes zu streichen.** Das reicht schon, es sollte nicht mehr sein!

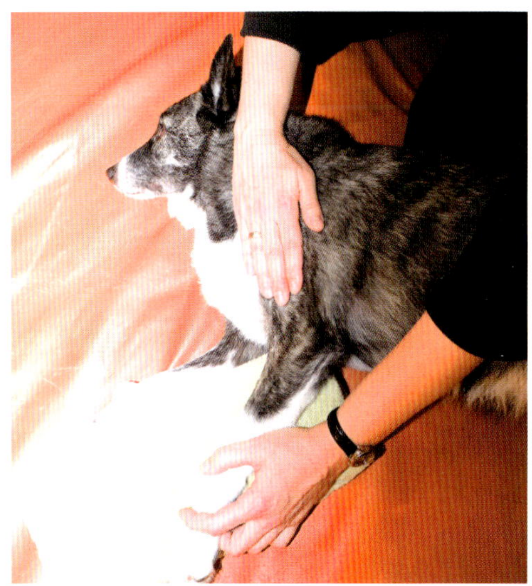

*Mit der rechten Hand durchgeführtes Ausstreichen entlang der Oberarmmuskulatur*

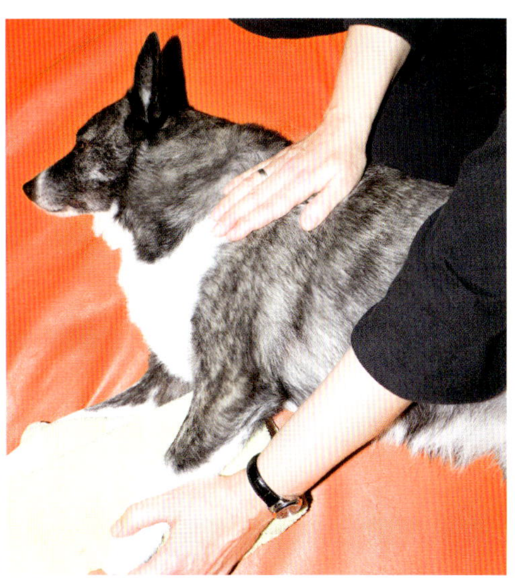

*Ausstreichen entlang des Schulterblattes mit der rechten Hand*

Wechseln Sie anschließend die Seite und bearbeiten Sie das andere Vorderbein Ihres Hundes ebenso. Denken Sie auch hier daran: **Nur wirklich langsam durchgeführte Streichungen sorgen für Entspannung.**

## Fingerkreisungen um Gelenke und Schulterblatt

Für die Fingerkreisungen um die Gelenke der Vorderhand gelten die gleichen Grundprinzipien, wie sie auch schon für die Hinterhand beschrieben wurden: Es wird ausschließlich mit den Fingerkuppen gearbeitet, die Bewegungen sind kreisförmig, es wird kein Druck ausgeübt. Die Griffe werden jeweils drei bis vier Mal durchgeführt.

**Führen Sie diese Griffe optimalerweise am liegenden Hund durch und achten Sie darauf, dass das Vorderbein Ihres Hundes gerade liegt.** Am einfachsten ist es, wenn Ihr Hund mit dem Rücken zu Ihnen gewandt auf der Seite liegt. Sie können das oben liegende Vorderbein mit einem Handtuch oder einem Kissen unterlagern, so dass es gerade liegt. Wenn Ihr Hund auf der rechten Seite liegt, gehen Sie folgendermaßen vor: Sie umfassen mit Ihrer linken Hand Pfote und Mittelfuß Ihres Hundes. Die Finger Ihrer rechten Hand (je nach Hundegröße) liegen auf der Rückseite des Beins, während Sie mit der Kuppe Ihres Daumens kleine kreisförmige Bewegungen auf der Vorderseite und an den Seiten des Karpalgelenks durchführen.

Anschließend kreisen Sie mit Ihren Fingerkuppen auf der Beugeseite, bis Sie das Gelenk komplett bearbeitet haben. **Achten Sie bitte bei der Arbeit mit dem Daumen**

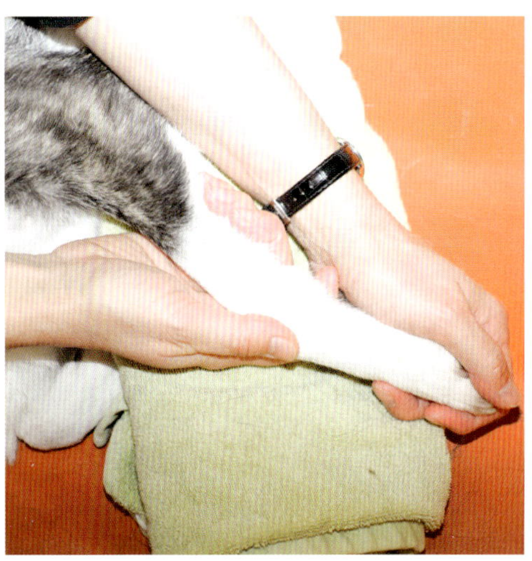

*Hier werden mit dem rechten Daumen Kreisungen am Karpalgelenk durchgeführt.*

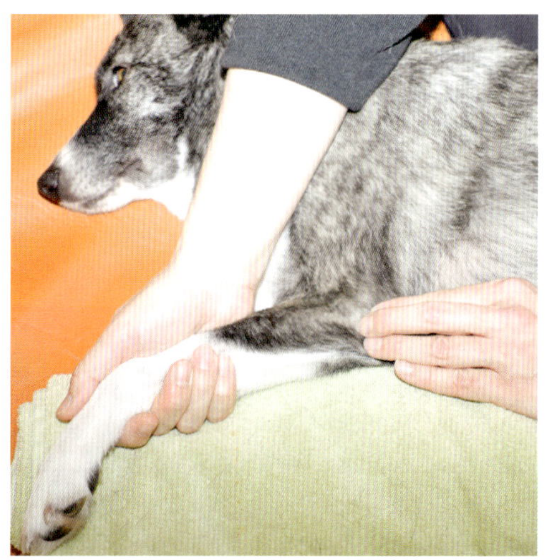

*Die rechte Hand stabilisiert, mit der linken Hand werden die Kreisungen durchgeführt.*

**ganz besonders darauf, keinen Druck auszuüben.** Das geschieht nämlich oft völlig unbewusst.

Jetzt wandern Sie weiter. Die rechte Hand übernimmt die Stabilisierung des Vorderbeins. Umfassen Sie mit ihr den Unterarm Ihres Hundes und halten Sie dabei seinen Ellenbogen in leicht gebeugter, entspannter Stellung. Legen Sie die Fingerkuppen der linken Hand auf das Ellenbogengelenk auf und wandern Sie mit sanften kreisenden Bewegungen um das gesamte Gelenk.

Eine andere Möglichkeit der Durchführung bietet sich bei sehr kleinen Hunden an: **Nehmen Sie das Ellenbogengelenk ganz sanft zwischen die Fingerkuppen von Daumen, Zeige- und Mittelfinger und führen Sie dann die Kreisungen durch.**

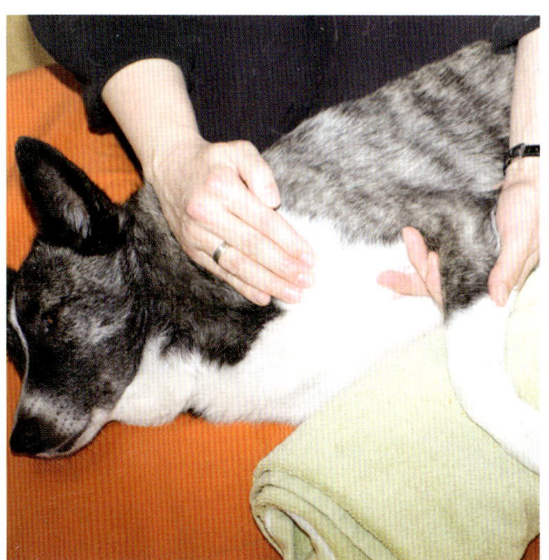

*Tuja genießt ganz entspannt die Kreisungen am Schultergelenk.*

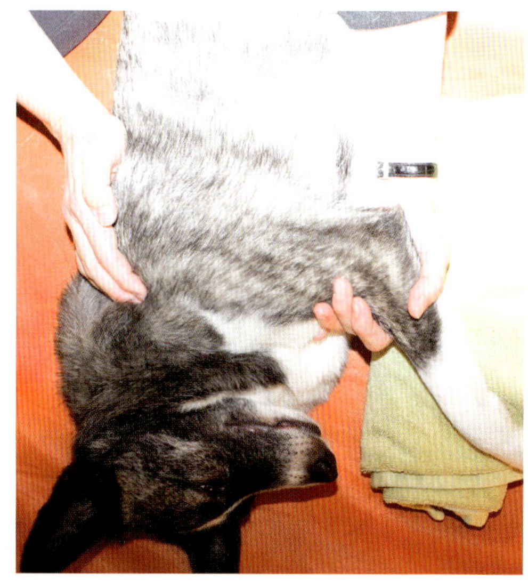

*Hier wird gerade der vordere Rand des Schulterblattes umkreist.*

Achten Sie unbedingt darauf, Ihren Hund nicht versehentlich zu kneifen.

Anschließend übernimmt Ihre linke Hand wieder die Stabilisierung und hält das Bein des Hundes am Ellenbogen. Mit den Fingerkuppen der rechten Hand umkreisen Sie nun ganz sanft das Schultergelenk.

Anschließend umwandern Sie mit kleinen, kreisenden Bewegungen die tastbaren Ränder des Schulterblatts und wiederholen dann den Ablauf am anderen Vorderbein Ihres Hundes.

## Schüttelungen

Schüttelungen haben den Zweck, die Muskulatur zu lockern. Sie können unterschiedlich durchgeführt werden. Im Wellnessbereich ist diese Variante zu empfehlen: Ihr Hund liegt in gleicher Position wie vorher. Sie legen Ihre Hand oder Ihre Finger flach auf die hintere Muskulatur des Oberarms, spüren sich in das Gewebe hinein und bewegen dann Ihre Hand oder Ihre Finger zusammen mit der darunter liegenden Muskulatur in kleinen, schnellen Bewegungen schüttelnd hin und her. Den gleichen Griff wenden Sie anschließend auf der Muskulatur des Schulterblattes an. Beachten Sie, dass hierbei kein zusätzlicher Druck auf die Muskulatur ausgeübt wird, das Eigengewicht Ihrer aufliegenden Hand ist ausreichend. Wesentlich ist die seitwärts ausgeführte Hin- und Herbewegung. Die unter Ihrer Hand liegende Muskulatur soll mit kleinen, schnellen Bewegungen gelockert werden.

*In den schraffierten Bereichen können sanfte Schüttelungen der Muskulatur durchgeführt werden.*

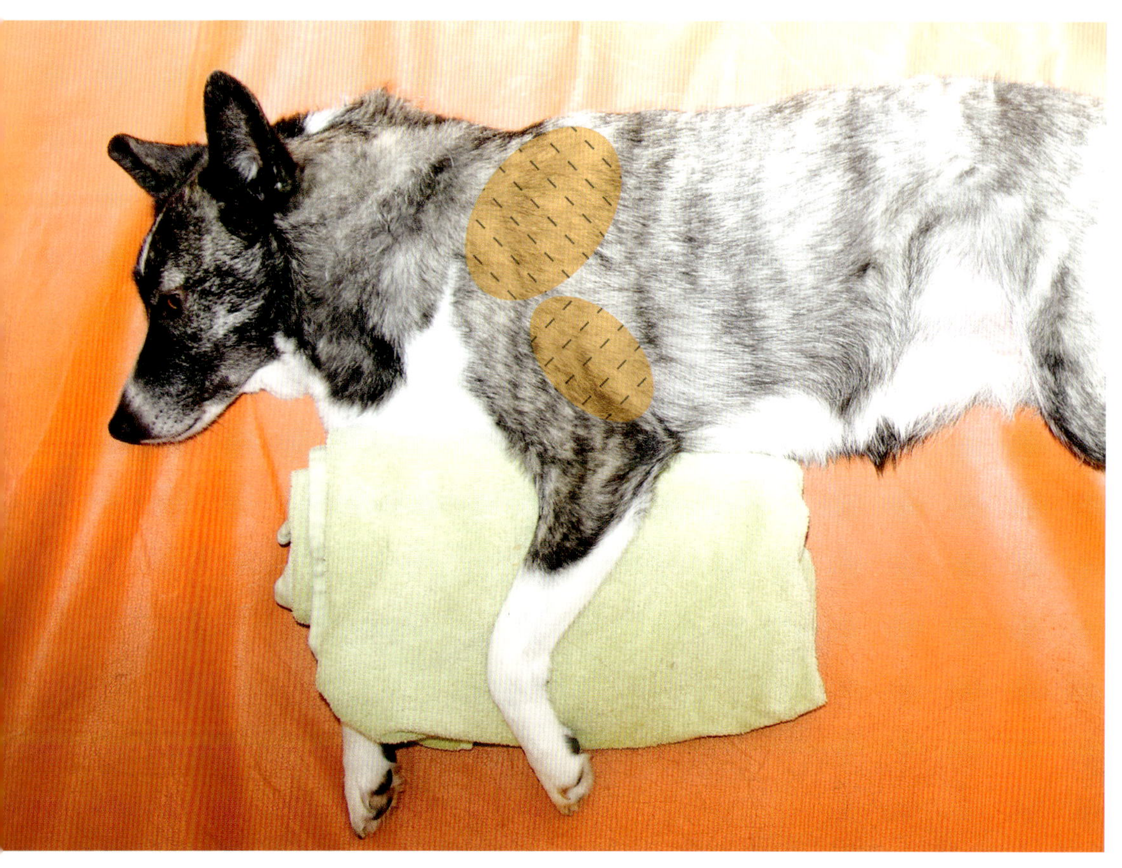

Teil 5

# Was alles verbindet – Rumpf und Wirbelsäule

Der Rumpf bildet mit der Wirbelsäule das Verbindungsstück zwischen den Gliedmaßen. Damit ist aber natürlich bei weitem nicht alles gesagt, denn der Rumpf enthält außerdem alle lebenswichtigen Organe des Hundes und schützt diese mit dem Brustkorb vor äußeren Einflüssen. Die knöcherne Verbindung zwischen Kopf und Rute sowie Hinterhand bilden die Wirbelsäule und das Becken. **Eine gut ausgebildete Rückenmuskulatur sorgt gemeinsam mit der Bauchmuskulatur für Stabilität und für die Kraftübertragung in der Vorwärtsbewegung.**

Wenn wir unsere Hunde beim Rennen beobachten, können wir die Abfolge der Bewegung besonders gut sehen: Das Aufwölben des Rückens, ähnlich wie das Spannen eines Bogens, und anschließend die fast explosionsartig anmutende Streckung des gesamten Körpers in die Vorwärtsbewegung, gefolgt wieder vom Aufwölben des Rückens. Rücken- und Bauchmuskulatur arbeiten an diesem Bewegungsablauf gemeinsam.

## Kleine Anatomie des Rumpfes

Die Wirbelsäule mit den zwischen den einzelnen Wirbelkörpern liegenden Bandscheiben ist in verschiedene Abschnitte mit verschiedenen Aufgaben unterteilt. Die **sieben Halswirbel** 1 tragen das Gewicht des Kopfes und halten diesen mit der zugehörenden Muskulatur in seiner Position. Die **Brustwirbelsäule** 2 ist nach rechts und links beweglich. An ihren 13 Wirbeln sitzen die Rippenpaare 3, die im vorderen Bereich direkt mit dem Brustbein 4 und im hinteren Bereich über den Rippenbogen mit dem Brustbein verbunden sind und so den Brustkorb bilden. Das letzte Rippenpaar ist nicht mit dem Brustbein verbunden. Beide Rippen enden „frei" in der Muskulatur, was man auch vorsichtig ertasten kann. Die Muskulatur zwischen den Rippen spielt eine wichtige Rolle bei der Atmung. Die **Lendenwirbelsäule** 5 mit ihren sieben Wirbeln ist ebenfalls zu beiden Seiten beweglich, vor allem aber sorgt sie mit ihrer Fähigkeit zu starker Beugung und Streckung für die Kraftübertragung und damit die Fortbewegung insbesondere im Galopp. Die **drei Kreuzwirbel** 6, beim Welpen und Junghund noch als einzelne Wirbel vorhanden, verknöchern während der Entwicklung in der Regel bis spätestens Mitte des zweiten Lebensjahres miteinander. Am so gebildeten **Kreuzbein** sitzt – verbunden durch das Kreuz-Darmbein-Gelenk – das **Becken** 7, das die Verbindung zu den Hinterbeinen darstellt. **Das Kreuz-Darmbein-Gelenk spielt eine wichtige Rolle bei der Übertragung der Bewegungsenergie aus den Hinterbeinen auf die Wirbelsäule und den Rumpf.** Außerdem trägt diese Verbindung im Stehen das Gewicht der Hinterhand. Den letzten Abschnitt der Wirbelsäule bilden die Schwanzwirbel 8, deren Anzahl nicht festzulegen ist. Eine Bedeutung der Schwanzwirbel für das Gleichgewicht wird allgemein angenommen, ist jedoch nach meinem Kenntnisstand bisher nicht wissenschaftlich untersucht. Aus meiner Physiopraxis kann ich zumindest

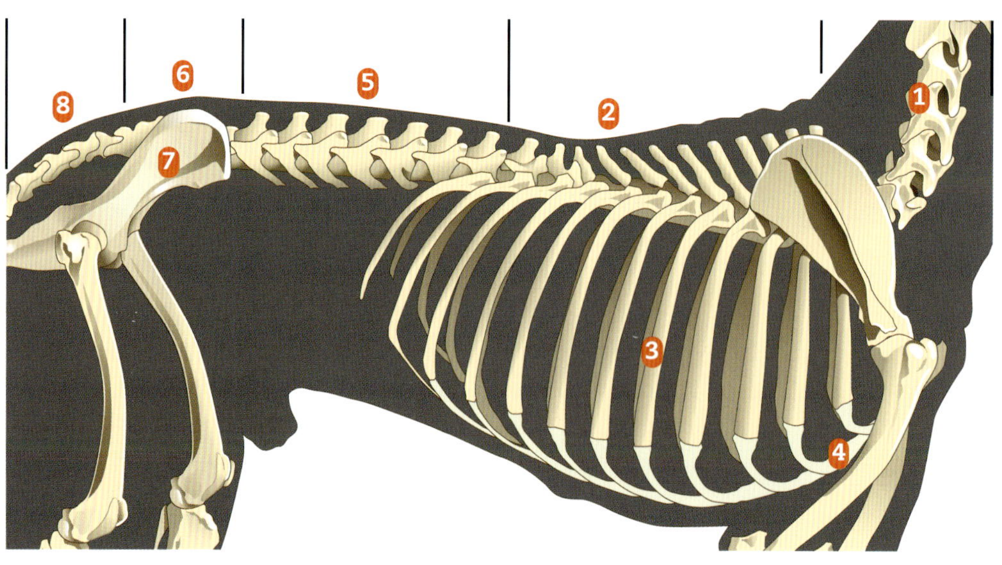

berichten, dass viele Hunde bei bestehenden einseitigen Problemen am Bewegungsapparat die Rute in dieser Zeit auffällig oft einseitig tragen. Dies vermittelt den Eindruck, als würden sie in diesem Fall ihre Rute als Gegengewicht einsetzen.

## Übungsbereich 1 Stabilisierungsübungen

**Gerade die ersten Stabilisierungsübungen für den Rumpf sehen völlig unspektakulär aus.** Das darf aber nicht darüber hinwegtäuschen, dass dabei dennoch eine ganze Menge passiert. Gerade weil die Übungen die Haltemuskulatur rund um die Wirbelsäule sowie das Gleichgewicht fordern, zeigen sich eventuell bestehende Probleme dann besonders deutlich. Es gilt also auch hier, den eigenen Hund genau zu beobachten.

### Einzelübung 1.1 Stehen und Strecken – Basisübung

Wenn Ihr Hund das Signal „steh" kennt, können Sie die Übung aus dieser Position heraus beginnen. Alternativ gibt es ein einfaches Hilfsmittel, um Ihrem Hund zu verdeutlichen, dass er einfach nur stehen und keinen Schritt nach vorne gehen soll: Suchen Sie sich einen länglichen Gegenstand, den Sie Ihrem stehenden Hund quer unter den Körper vor die Hinterpfoten legen können. Das kann ein Besenstiel oder auch ein zusammengerolltes Handtuch sein. Es geht einfach nur darum, dass Ihr Hund es als kleines Hindernis wahrnimmt. Stellen oder hocken Sie sich nun vor Ihren stehenden Hund und begutachten Sie als Erstes seine Haltung: **Stehen seine Pfoten nebeneinander? Ist sein Rücken gerade? Belastet er seine Pfoten gleichmäßig – vor allem im Rechts-links-Vergleich? Bilden von oben betrachtet Rute, Wirbelsäule und Nasen-**

**spitze eine gerade Linie?** Bei Ringelruten ist dies naturgemäß nicht der Fall.

Erst wenn Ihr Hund in gerader Haltung steht, locken Sie ihn als Nächstes mit Futter oder Nasentarget in eine leichte Streckung nach vorne. **Locken Sie ihn dabei aber nur so weit, dass er die Streckung auch halten kann, ohne einen Schritt nach vorne zu machen.** Die Vorder- und die Hinterbeine sollen während der Streckung weiterhin nebeneinander stehen und jeweils ganz gleichmäßig belastet sein. Der Rücken Ihres Hundes soll von oben betrachtet gerade sein, der Kopf weder nach oben noch nach unten gestreckt, sondern ebenfalls gerade nach vorne gerichtet.

Halten Sie Ihren Hund für fünf Sekunden in dieser Streckung und lassen Sie ihn sich dann wieder in die Ausgangsposition – das ganz normale Stehen – zurückbewegen. Nach zwei bis drei Sekunden wiederholen Sie die Streckung. Insgesamt sollte Ihr Hund fünf Mal in die Streckung gelockt werden. Wird Ihr Hund unruhig oder schafft er es nicht, mit den Pfoten stehen zu bleiben, dann locken Sie ihn beim nächsten Versuch deutlich weniger weit in die Streckung. **Beginnen Sie – auch bei sehr wuseligen Hunden – erst einmal mit dem ruhigen Stehen und arbeiten Sie sich ganz langsam in die Streckung vor.** Achten Sie bei dieser Übung von Beginn an auf eine gute Haltung Ihres Hundes. Erst wenn er die Basisübung mit geradem Rücken und gleichmäßiger Belastung der Pfoten ausführen kann, sollten Sie mit den folgenden Übungen beginnen.

*Pamo in leichter Streckung*

## Einzelübung 1.2 Stehen und Strecken mit leicht erhöhter Hinterhand

Verwenden Sie einen stabilen Gegenstand, etwa so hoch wie das Karpalgelenk Ihres Hundes, und führen Sie ihn so darauf, dass er mit den Hinterpfoten darauf stehen bleibt. Zunächst gilt es auch hier wieder darauf zu achten, dass Ihr Hund gerade steht und sein Körpergewicht gleichmäßig auf die rechten und linken Pfoten verteilt. Insgesamt liegt natürlich jetzt mehr Gewicht auf der Vorderhand. **Rute bzw. Rutenansatz, Wirbelsäule und Nase des Hundes sollten eine gerade Linie bilden.** Ist dies der Fall, gehen Sie weiter vor wie in der Basisübung: Sie locken Ihren Hund in eine leichte Streckung nach vorne, die ungefähr fünf Sekunden gehalten werden sollte. Danach lassen Sie ihn in die Ausgangsposition zurück. **Erste Priorität hat immer die gerade Haltung des Hundes und die gleichmäßige Gewichtsverteilung auf die rechte und linke Körperhälfte.** Wiederholen Sie die Streckung bis zu fünf Mal.

Seien Sie nicht unsicher, was die Weite der Streckung angeht. **Richtig ist immer die Streckung, die Ihr Hund ohne Ausgleichbewegungen oder Schritt nach vorne fünf Sekunden lang halten kann.** Halten Sie auch bei dieser Übung Nasentarget oder Leckerchen auf einer Höhe, die Ihrem Hund eine Streckbewegung gerade nach vorne ermöglicht. Er soll den Kopf nicht nach oben überstrecken müssen!

Wenn Ihr Hund diese Übung in guter Haltung beherrscht, dann können Sie den Schwierigkeitsgrad erhöhen, indem Sie ihn mit der Hinterhand auf einen beweglichen Gegenstand, zum Beispiel ein Kissen, stellen. **Denken Sie daran, dass durch die zusätzlichen Bewegungsimpulse diese Übung nun ein zusätzliches Ausbalancie-**

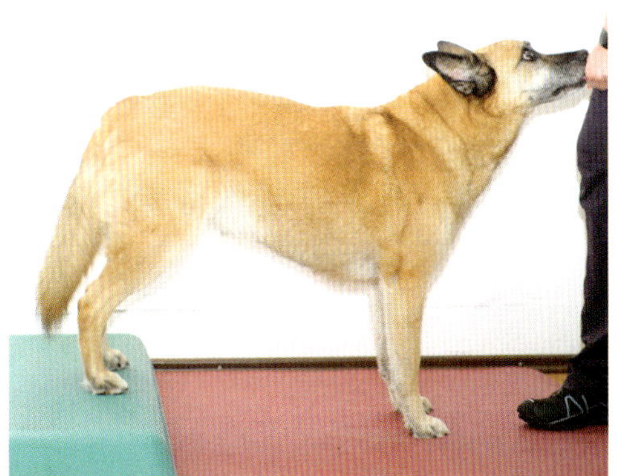

*Krümel steht zunächst gerade und wird auf dem zweiten Bild in die Streckung gelockt.*

*Die leicht nach vorne versetzte rechte Vorderpfote zeigt, dass eine Ausgleichsbewegung stattgefunden hat. Übermotivierte Hunde müssen mitunter etwas gebremst werden.*

*Krümel balanciert sich auf dem luftgefüllten Pad aus.*

*Hier ist die gerade Streckung nach vorne schön zu sehen. Die Pfoten könnten noch besser nebeneinander stehen.*

**ren erfordert.** Die ruhige Durchführung ist deshalb ebenso wichtig wie der Beginn mit einer zunächst geringen Streckung.

## Einzelübung 1.3 Stehen und Strecken mit leicht erhöhter Vorderhand

Führen Sie Ihren Hund mit der Vorderhand auf einen stabilen Gegenstand, der maximal Sprunggelenkshöhe haben sollte. Ausgangsposition für diese Übung ist ebenfalls der gerade stehende Hund mit gleichmäßig belasteten Pfoten rechts und links. Rutenansatz, Wirbelsäule und Nasenspitze bilden von oben betrachtet eine gerade Linie. Das Körpergewicht liegt nun stärker auf der Hinterhand. Aus dieser Position heraus wird der Hund mit Leckerchen oder Nasentarget in eine leichte Streckung nach vorne gelockt. **Im Gegensatz zu den bisherigen Übungen darf der Kopf dabei jetzt auch ein klein wenig nach vorne unten gerichtet sein.** Auch während der Streckung achten Sie bitte wieder auf die korrekte Haltung Ihres Hundes.

*Timber steht gerade und konzentriert auf dem Balken.*

*Bei der Streckung nimmt er die linke Hinterpfote etwas mit nach vorne. Wenn dies passiert, sollte der Hund beim zweiten Mal weniger weit in die Streckung gelockt werden.*

Sollte Ihr Hund einen Schritt nach vorne machen oder eine Gewichtsverlagerung nach links oder rechts zeigen, beginnen Sie bitte erneut und versuchen es mit deutlich weniger Streckung. Arbeiten Sie immer so, dass Ihr Hund die Streckung fünf Sekunden lang halten kann und lassen Sie ihn dann in die Ausgangsposition zurück. Insgesamt fünf Streckungen sind ausreichend.

Wird die Übung gut beherrscht, erarbeiten Sie diese gerne als Nächstes mit einem beweglichen Untergrund. Beginnen Sie dabei wieder mit einer zunächst nur ganz leichten Streckung.

*Gut ausbalanciertes Stehen ist die Ausgangsposition.*

*Danach wird Timber in eine leichte Streckung gelockt.*

## Einzelübung 1.4
## Stehen und Strecken auf beweglichem Untergrund

Bisher hatte Ihr Hund immer mindestens unter zwei Pfoten einen stabilen Untergrund. Jetzt gehen Sie mit ihm einen Schritt weiter. Die neue **Herausforderung ist das gerade Stehen (und Strecken), während der Hund mit allen Vieren auf beweglichem Untergrund steht.** Was ist hierfür geeignet? Sie können für große Hunde eine alte Schaumstoff-, Federkern- oder Luftmatratze verwenden. Für kleine Hunde reicht manchmal ein großes Balance Pad oder Sofakissen. **Wichtig ist, dass der Untergrund bei Bewegung etwas nachgibt, also ein Ausbalancieren erforderlich ist.** Wenn Sie einen luftgefüllten Untergrund verwenden, denken Sie bitte daran: Je weniger Luft aufgefüllt ist, desto schwieriger und anstrengender ist das Ausbalancieren für den Hund.

Zu Beginn geht es erst einmal nur darum, dass Ihr Hund auf dem beweglichen Grund überhaupt stabil steht. Locken Sie ihn also zunächst nur herauf und bestätigen Sie ihn für seinen Mut. **Es ist keinesfalls selbstverständlich, dass sich Hunde mit allen Vieren auf etwas Wackelndes begeben.** Dies erfordert Vertrauen in den eigenen Körper. Viele Hunde schaffen es zwar auf den beweglichen Untergrund herauf, haben aber dann Schwierigkeiten, darauf stehen zu bleiben. Genau darum geht es hier aber. Deshalb verwenden Sie bitte für den Anfang einen Untergrund, den Ihr Hund gut bewältigen kann. Eine Steigerung – später auch bis hin zur Verwendung eines

Wackelbrettes – ist immer möglich. Es geht aber zunächst darum, die Übung für Ihren Hund überhaupt erst einmal möglich zu machen. **Zuviel Ehrgeiz ist hier deshalb völlig fehl am Platz.**

Sie beginnen also mit einem Untergrund, auf dem Ihr Hund eine Weile stehen kann. Und nun gehen Sie genauso vor wie bei der Basisübung „Stehen und Strecken". Zunächst schauen Sie, ob Ihr Hund gerade steht, seine Pfoten gleichmäßig belastet und ob Rutenansatz, Wirbelsäule und Nasenspitze von oben betrachtet auf einer Linie liegen. Für eine gerade Haltung loben und bestätigen Sie ihn. **Bevor Sie darüber nachdenken, Ihren Hund in eine erste leichte Streckung zu locken, sollte er mindestens zehn Sekunden lang stabil auf dem wackeligen Untergrund stehen können.** Hat er das geschafft, gönnen Sie ihm zunächst eine kleine Pause, in der er von dem wackeligen Untergrund heruntersteigen darf. Dann lassen Sie ihn erneut hinaufsteigen und versuchen nun – wie Sie es aus den vorherigen Übungen kennen – ihn aus der stehenden Position mit Leckerchen oder Nasentarget in eine leichte Streckung nach vorne zu locken. Gehen Sie dabei sehr behutsam vor. **Entscheidend ist auch hier wieder, dass Sie Ihren Hund nur so weit in die Streckung locken, wie er sie auch in gerader Körperhaltung halten kann.** Da er jetzt gleichzeitig seinen gesamten Körper auf dem wackeligen Untergrund ausbalancieren muss, ist diese Übung schon recht anspruchsvoll. Es ist ausreichend, wenn Ihr Hund erst einmal zwei Sekunden in der Streckung verharrt und sich dann in die Ausgangsposition zurückbewegt.

Wiederholen Sie die Übung drei Mal. Erst wenn Ihr Hund diese Übung über einen gewissen Zeitraum mehrmals souverän gemeistert hat, ist es an der Zeit, den Untergrund schwieriger zu gestalten. Sie können zum Beispiel bei einer Luftmatratze etwas Luft ablassen, so dass Ihr Hund mehr Balancearbeit leisten muss, um während der Übung die Pfoten wirklich gleichmäßig zu

*Pamo in der Ausgangsposition …*

*… und danach in einer leichten Streckung.*

*Jigi zeigt, was passiert, wenn eine zu starke Streckung verlangt wird. Er macht einen Ausfallschritt nach vorne.*

belasten. Wenn Ihnen kein ausreichend großer beweglicher Untergrund zur Verfügung steht, können Sie alternativ auch zwei bewegliche Gegenstände verwenden und Ihren Hund für die Übung darauf stehen lassen.

*Tuja auf zwei Balance Pads in leicht gestreckter Haltung. Hier sieht man sehr schön, wie auch die Rute zum Ausbalancieren genutzt wird.*

## Mögliche Fehler

Bei der Verwendung von luftgefüllten Untergründen schleicht sich mitunter ein Fehler ein, wenn zur Erhöhung des Schwierigkeitsgrades Luft abgelassen wird: Hunde betreten mit der ersten Pfote den Untergrund, sacken bis auf den (festen) Boden durch, und belasten dann diese Pfote, weil es so ja einfach ist. Wird die zweite Pfote nachgeholt, wird diese nicht gleichermaßen belastet, weil ja erst dadurch die Instabilität des Untergrundes entstehen würde.

Ähnlich kann es dann auch aussehen, wenn der Hund mit allen vier Pfoten auf luftgefülltem Untergrund steht. **Sollte Ihr Hund mit ungleichmäßig belasteten Pfoten stehen bleiben, dann animieren Sie ihn mit Hilfe eines Leckerchens zu einer Gewichtsverlagerung, bis er korrekt und gerade auf allen vier Pfoten steht.** Bestätigen Sie ihn in genau diesem Moment. Sofern Sie mit einem luftgefüllten Gegenstand arbeiten, überdenken Sie, ob Sie eventuell zu viel Luft abgelassen haben. Gehen Sie im Zweifel noch einmal einen Schritt zurück. Bedenken Sie immer, dass das Ausgleichen eines mit nur wenig Luft gefüllten Untergrundes ganz intensive Arbeit für die gesamte Haltemuskulatur ist. Probieren Sie es einfach mal selbst aus, um ein Gefühl dafür zu bekommen. **Bleiben Sie geduldig und achten Sie auf eine ruhige Durchführung der Übung.** Wenn es mal nicht klappt, dann nehmen Sie es sich einfach für einen anderen Tag noch einmal vor und machen bis dahin etwas ganz anderes. **Das Allerwichtigste bei der Körperarbeit ist und bleibt, dass Hund und Mensch Spaß daran haben und sich mit ausreichend Zeit und Freude an der Sache gemeinsam genau das erarbeiten, was jetzt gerade möglich ist.**

## Übungsbereich 2 Bewegungsübungen

Um eine genaue und damit effektive Durchführung der Bewegungsübungen zu gewährleisten, aber auch zum Schutz vor Verletzungen, ist grundsätzlich für alle Übungen ein rutschfester Untergrund erforderlich.

### Einzelübung 2.1 Dreh dich

Dies ist eine sehr schöne und einfache Übung, mit der die Muskulatur des Rumpfes aktiviert und die Wirbelsäule mobilisiert wird. Sie kann zum Aufwärmen genutzt werden und macht zudem den meisten Hunden einfach sehr viel Spaß. Lassen Sie Ihren Hund vor sich stehen und locken Sie ihn nun mit einem Leckerchen in der linken Hand gegen den Uhrzeigersinn in eine Drehbewegung. Er soll Ihrer Hand folgen und sich dabei einmal um sich selbst drehen. Sobald er wieder gerade vor Ihnen steht, können Sie ihn mit dem Leckerchen oder in anderer Weise bestätigen.

Für die nun folgende Drehbewegung im Uhrzeigersinn nehmen Sie ein Leckerchen in die rechte Hand und locken Ihren Hund einmal um sich selbst. Auch hier wird erst bestätigt, wenn Ihr Hund wieder gerade vor Ihnen steht. Wenn Sie die Übung wie beschrieben aufbauen, reicht später eine

*Bonus folgt dem Handzeichen seiner Halterin.*

angedeutete Drehbewegung mit Ihrer linken bzw. rechten Hand, um Ihren Hund die Drehung durchführen zu lassen. Falls Sie zusätzlich ein Wortsignal verknüpfen möchten, bieten sich „dreh links" und „dreh rechts" an.

**Es kommt hier übrigens nicht darauf an, dass die Drehung besonders eng oder schnell durchgeführt wird. Wichtig ist vielmehr, dass sie nicht hüpfend durchgeführt wird, sondern Schritt für Schritt.** Daher achten Sie bitte auch hier – gerade zu Beginn – auf eine ruhige Durchführung. Führen Sie die Übung immer in beide Richtungen durch, gerne fünf bis sechs Mal pro Seite. Wie bei fast allen Übungen gibt es auch hier sehr viel zu beobachten. Sie werden feststellen, ob Ihr Hund die Übung in beide Richtungen gleichmäßig rund und harmonisch durchführen kann oder ob ihm eine Richtung weniger liegt. Die meisten Hunde haben – ebenso wie Menschen – eine Schokoladenseite. Wenn Ihnen auffällt, dass Ihrem Hund die Drehung in eine der beiden Richtungen nicht so gut gelingt, dann lassen Sie ihn die Drehung in diese Richtung immer einmal mehr durchführen. Oft handelt es sich um ein harmloses muskuläres Ungleichgewicht, das mit regelmäßiger Übung bald harmonisiert werden kann.

## Durchführung auf verschiedenen Untergründen

Eine Möglichkeit zur Steigerung des Übungseffektes ist die Durchführung der Drehung auf anderen Untergründen. Dies können bewegliche Untergründe (zum Beispiel eine Luftmatratze), tiefe Untergründe (zum Beispiel Sand), unebene Untergründe (zum Beispiel Kies) sein. Wenn Ihr Hund die Übung gut beherrscht, können Sie ruhig ein wenig experimentieren.

## Drehung aus der Bewegung

Sobald Ihr Hund das Handzeichen oder Wortsignal für die Drehungen verstanden hat, können Sie versuchen, ihn die Übung auch aus der Bewegung heraus durchführen zu lassen. Zur Vorbereitung verändern Sie zunächst die Position Ihres Hundes bei der Übung. Für die Drehung im Uhrzeigersinn ist seine Ausgangsposition nun rechts neben Ihnen. Für die Drehung gegen den Uhrzeigersinn startet er dementsprechend in der Ausgangsposition links neben Ihnen. Sobald er die Drehungen an Ihrer Seite ebenso gut durchführt wie vor Ihnen, kommt zusätzlich die Gehbewegung dazu.

*Pamo zeigt die Drehung aus der Bewegung.*

Gehen Sie mit Ihrem Hund an Ihrer rechten Seite ein paar Schritte vorwärts, lassen ihn dann aus der Gehbewegung an Ihrer rechten Seite eine Drehung im Uhrzeigersinn durchführen und gehen Sie direkt weiter. Das Gleiche üben Sie dann mit Ihrem Hund an Ihrer linken Seite mit einer Drehung aus dem Gehen heraus gegen den Uhrzeigersinn.

Hier wird dann auch deutlich, warum der Aufbau der Drehung im Uhrzeigersinn mit der rechten Hand und entgegen dem Uhrzeigersinn mit der linken Hand empfohlen wird. Die Verbindung des Geradeausgehens mit einer eingefügten Drehung und des anschließenden Weitergehens sieht nicht nur ganz hübsch aus, sondern ist vor allem eine **schöne Koordinationsübung für Ihren Hund**. Dies gilt vor allem dann, wenn die Drehung wie beschrieben Schritt für Schritt durchgeführt und nicht gehüpft wird.

## Einzelübung 2.2 Rumpfbeuge

Diese Übung kann aus verschiedenen Ausgangspositionen durchgeführt werden, folgt aber immer dem gleichen Grundprinzip: **Ihr Hund soll nacheinander zuerst seinen Oberarm, dann seine hinteren Rippen und zuletzt seinen Oberschenkel mit der Nase berühren und diese Position jeweils ca. drei Sekunden halten.** Dafür muss er sich in unterschiedlicher Ausprägung seitlich in eine Beugung begeben. Je nachdem aus welcher Ausgangsposition (sitzend oder stehend) er diese Übung durchführt, werden Muskulatur und Bindegewebe unterschiedlich beansprucht. Es ist daher sinnvoll, beide Ausgangspositionen einzuüben. Wie bei den Drehungen werden Sie auch hier sehr schnell feststellen, in welche Richtung Ihrem Hund die Beugung besser und einfacher gelingt. Ich beschreibe die Übungsdurchführung mit Leckerchen. Natürlich können Sie auch mit Nasentarget arbeiten. Für diese Übung ist ein rutschfester Boden besonders wichtig!

### Aus dem Stehen

Sie hocken oder sitzen hinter Ihrem stehenden Hund. Ihr rechter Unterarm liegt leicht an seiner rechten Körperseite an, um ihn im Falle einer Ausweichbewegung etwas halten zu können. Mit einem Leckerchen in der linken Hand locken Sie ihn nun mit seiner Nase in Richtung seines linken Oberarms und lassen ihn dort ungefähr drei Sekunden an dem Leckerchen knabbern. Dann bewegen Sie Ihre Hand zurück, so dass Ihr Hund wieder in die Ausgangsposition kommt. Nach ein bis zwei Sekunden locken Sie nun erneut mit einem Leckerchen die Nase Ihres Hundes nach hinten, etwa bis zur Körpermitte.

*Jigi zeigt hier die Rumpfbeuge im Stehen bis zur Körpermitte.*

Auch in dieser Position halten Sie ihn bitte für etwa drei Sekunden und lassen ihn dann in die Ausgangsposition zurück.

Anschließend locken Sie Ihren Hund in die Seitwärtsbeugung bis zu seinem linken Oberschenkel, lassen ihn auch diese Position drei Sekunden halten und führen ihn dann wieder zurück in das gerade Stehen. Die Übung wird dann auf der anderen Seite wiederholt, so dass die Beugung gleichermaßen auf der rechten Körperseite stattfindet.

Fast alle Hunde möchten sich anfangs einfach komplett umdrehen, um an das Leckerchen zu gelangen. **Ziel ist es jedoch, dass Ihr Hund bei der Übung stehen bleibt und die seitliche Beugung tatsächlich nur aus dem Rumpf heraus durchführt. Deshalb liegt jeweils einer Ihrer Unterarme zur Unterstützung an der Seite Ihres Hundes.** Es ist in Ordnung, wenn Sie anfangs noch stärker gegenhalten müssen. Sobald die Rumpfmuskulatur Ihres Hundes sich an diese Bewegungsübung gewöhnt hat, wird er nach und nach immer weniger Unterstützung benötigen. Auch bei dieser Übung denken Sie bitte immer daran, nichts zu erzwingen. **Wenn Ihrem Hund die Beugung nicht so weit gelingt wie hier beschrieben, dann akzeptieren Sie das, was ihm gerade möglich ist.** Die Beweglichkeit und Kraft, die für diese Übung benötigt wird, kann auch in ganz kleinen Schritten erarbeitet werden.

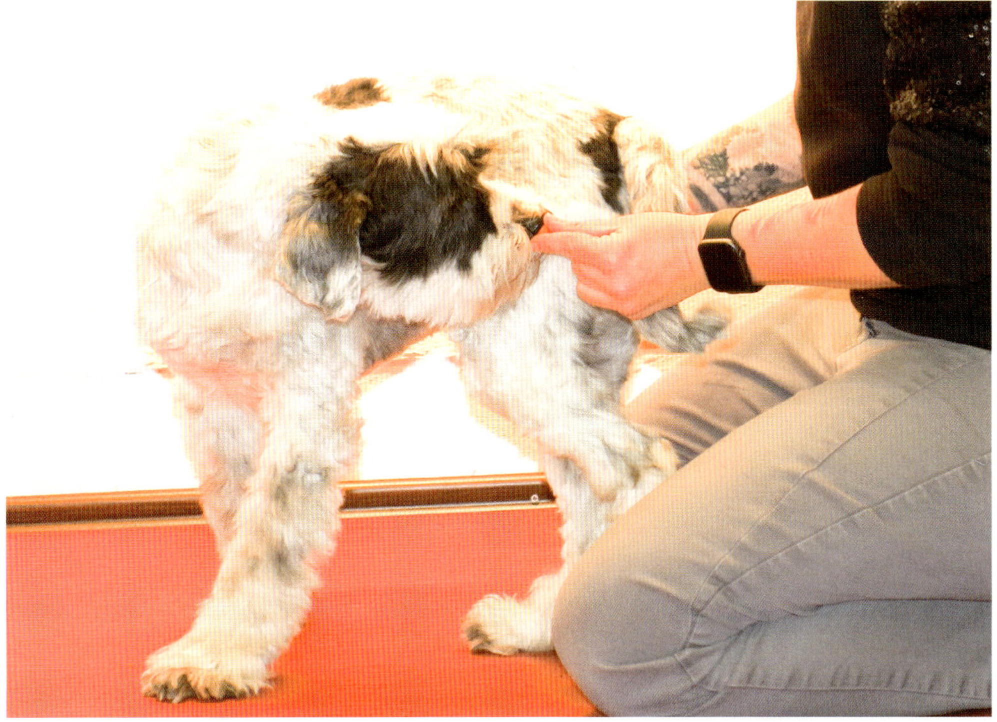

*Hier gelingt die Beugung bis zum Oberschenkel schon fast gut.*

### Aus dem Sitzen

Die gleiche Übung aus dem Sitzen durchgeführt beginnt in fast gleicher Ausgangsposition: Sie hocken oder sitzen hinter Ihrem sitzenden Hund. Ihre rechte Hand liegt locker an seiner rechten Körperseite, während Sie mit einem Leckerchen in der linken Hand seine Nase nacheinander in Richtung des linken Oberarms, wieder zurück, zur Körpermitte, wieder zurück und an den linken Oberschenkel und wieder zurück führen. Auch hier wird die Position jeweils drei Sekunden gehalten und nach Durchführung auf der linken Seite wird die Übung auf der rechten Seite wiederholt.

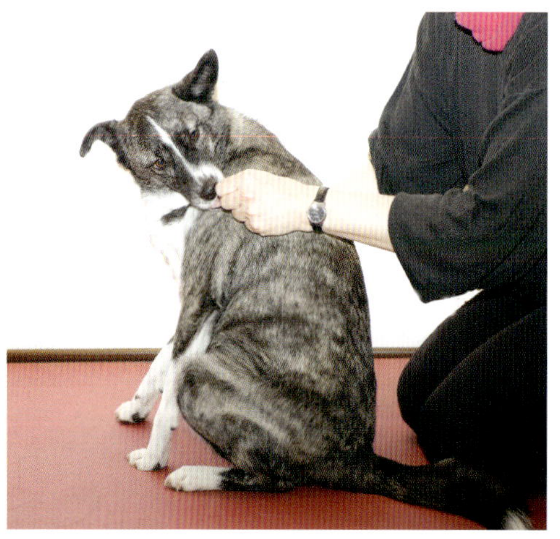

*Tuja zeigt die Rumpfbeuge aus dem Sitzen bis zum Oberarm …*

Häufig passiert es bei dieser Übung, dass die Hunde bei der Führung zur Körpermitte oder zum Oberschenkel aus dem Sitzen aufstehen möchten. **Führen Sie dann die Übung noch nicht weiter durch, sondern wiederholen Sie sie einfach noch einmal bis zu dem Punkt, der für Ihren Hund ohne Aufstehen gut erreichbar war.** Auch bei dieser Übung kann Ihre an der anderen Körperseite anliegende Hand unterstützend zum Gegenhalten dienen. Halten Sie Ihren Hund aber nie fest!

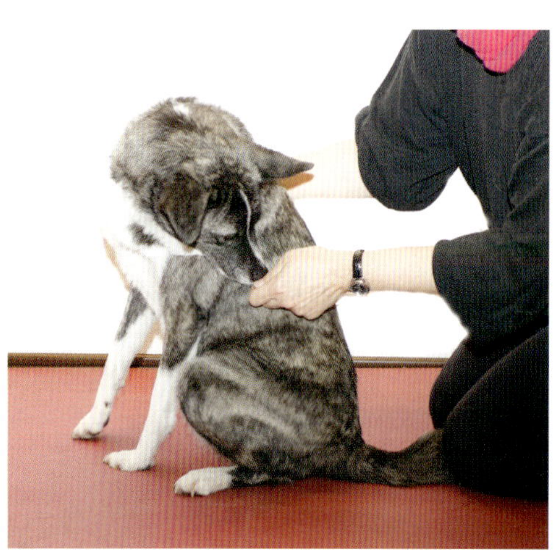

*… bis zur Körpermitte …*

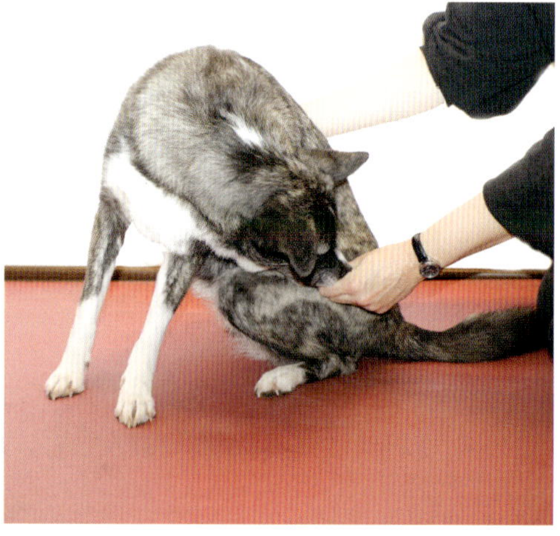

*… und bis zum Oberschenkel.*

## Einzelübung 2.3 Abwärts- und Aufwärtsblick

Diese Übung ist sehr gut dafür geeignet, die Nackenmuskulatur Ihres Hundes zu dehnen und zu entspannen, weshalb sie auch eine schöne Ausgleichsübung für alle Hunde ist, die häufig in exakter „bei Fuß"-Position mit Blick zum Halter laufen müssen, was den Bewegungsapparat stark belasten kann.

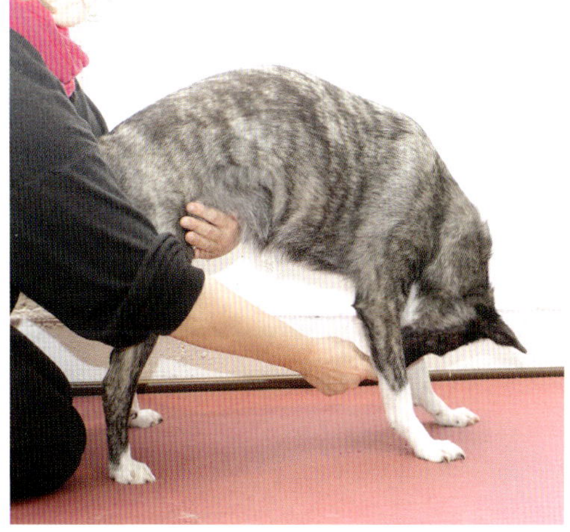

*Tuja in der Beugung zum Abwärtsblick.*

Die Übung kann auch alternativ zum Leckerchen mit Nasentarget gearbeitet werden. Ihr Hund steht mit Ihnen zugewandter Hinterhand vor Ihnen. Legen Sie eine Hand unterstützend unter seinen Bauch. Mit einem Leckerchen in der anderen Hand **locken Sie nun die Nase Ihres Hundes nach unten zwischen seine Vorderbeine und von dort noch etwas weiter nach hinten**. Viele Hunde werden in diesem Moment entweder einen Schritt rückwärts machen oder sich hinlegen, um das Leckerchen zu erreichen. Helfen Sie Ihrem Hund, die gewünschte Position zu finden, indem Sie ihn auch auf dem Weg dorthin schon bestätigen und nicht erst bis zum Schluss damit warten. Das erste Leckerchen gibt es also schon für den leicht nach unten gebeugten Kopf, das nächste für die Bewegung des Kopfes zwischen die Vorderbeine und das dritte dann für die noch stärkere Beugung in Richtung unter den Bauch. **Da Sie sich während der Übung hinter Ihrem Hund befinden, können Sie eine eventuelle Rückwärtsbewegung leicht ein wenig abbremsen.**

Ziel ist es, dass Ihr Hund die Position mit nach unten gebeugtem Nacken und der Nase unter seinem Körper etwa drei Sekunden hält. Sie sollten ihn jedoch immer so frühzeitig wieder aus der Position herausführen, dass er dies nicht von sich aus tun muss, weil es ihm unangenehm ist.

Nach Rückkehr in die Ausgangsposition führen Sie nun die Nase Ihres Hundes ein wenig nach vorne und oben, so dass er in eine Streckung kommt. **Achten Sie darauf, dass Sie Ihren Hund nicht zu weit in die Streckung führen.** Wichtiger ist eine möglichst gerade durchgeführte Streckung. Der Hundekopf sollte sich dabei nicht nach links oder rechts bewegen. Die Streckung nach oben soll auch etwa drei Sekunden gehalten werden, bevor Sie Ihren Hund wieder in die Ausgangsposition zurückführen.

Beim Aufwärtsblick neigen Hunde dazu, sich hinzusetzen. Dies geschieht vor allem dann, wenn sie die Position „sitz“ mit Hilfe eines über die Nase gehaltenen Leckerchens erlernt haben. Helfen Sie Ihrem Hund die Übungen voneinander zu unterscheiden, indem Sie zum Beispiel von Beginn an ein **Signalwort für den Aufwärtsblick verwenden und mit Ihrer Hand unter seinem Bauch signalisieren, dass er sich nicht hinsetzen soll**.

Führen Sie den Abwärts- und Aufwärtsblick jeweils drei bis vier Mal und immer im Wechsel ruhig und langsam durch. Beginnen Sie immer mit dem Abwärtsblick und beenden Sie die Übung auch damit.

### Wenn es gar nicht klappen will

Sollte die Durchführung des Aufwärtsblickes aus dem Stehen gar nicht klappen, können Sie den Hund **alternativ für den Aufwärtsblick auch hinsetzen lassen. Achten Sie dann aber darauf, dass er beim Strecken nach oben die Vorderpfoten auf dem Boden lässt.** In diesem Fall wäre der Übungsablauf insgesamt: Hund steht – Abwärtsblick im Stehen – Hundekopf wird zurückgeführt in Ausgangsposition – Hund erhält Signal für „sitz“ – Aufwärtsblick im Sitzen – Hundekopf wird zurückgeführt in Ausgangsposition – Hund erhält Signal für Stehen – usw.

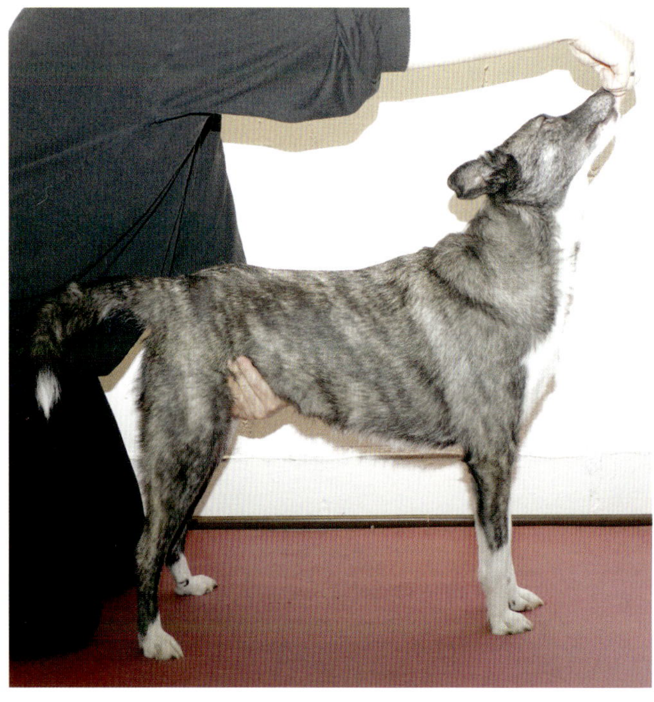

*Gerade ausgeführter Aufwärtsblick*

## Einzelübung 2.4 Vorderpfoten vor

Für diese Übung benötigen Sie sehr viel Fingerspitzengefühl. **Es ist auch eine Vertrauensübung, da nun nicht Ihr Hund allein die Bewegung durchführt, sondern Sie ebenfalls beteiligt sind.** Neben einer leichten Dehnung der Muskulatur und des Bindegewebes findet auch ein Ausbalancieren statt. Da die Übung aus dem Stand durchgeführt wird, erfolgt das Ausbalancieren auch über den Rücken.

Ausgangsposition ist der vor Ihnen stehende Hund. Je nach Größe Ihres Hundes können Sie vor ihm stehen, hocken oder auf einem Stuhl sitzen. Der Anfang ist ganz ähnlich wie bei der Übung „Vorderpfote anheben und halten“ aus Teil 4 dieses Buches.

Allerdings soll Ihr Hund jetzt seine Pfote vertrauensvoll in Ihre flache Hand legen und dort belassen. Sobald sie dort ist, ziehen Sie Ihre Hand ganz langsam und sanft ein kleines Stückchen zurück. So kommt das Vorderbein Ihres Hundes nach vorne in eine leichte Streckung. **Wichtig dabei ist, dass Sie zu keinem Zeitpunkt die Pfote Ihres Hundes festhalten!** Er darf sie jederzeit herunternehmen, wenn ihm die Streckung nach vorne zu viel wird. Bestenfalls passiert das aber gar nicht, weil Sie selbst sehr aufmerksam darauf achten, wie viel Streckung Ihrem Hund möglich und angenehm ist. **Beobachten Sie ihn sehr genau und reagieren Sie auf kleinste Signale.** Sie haben den Eindruck, er wird die Pfote gleich zurückziehen? Sehr gut, dass Sie das bemerkt haben.

*Tuja nimmt die Übung gut an, signalisiert aber durch das leichte Anheben der rechten Hinterpfote, dass ihr die Streckung ein wenig zu weit geht.*

Führen Sie sofort selbst seine Pfote wieder näher zu seinem Körper zurück, bevor er das machen muss. Damit zeigen Sie ihm, dass Sie ihn verstanden haben. Das bildet Vertrauen. **Lassen Sie seine Pfote nie einfach los, sondern führen Sie sie immer langsam zum Boden zurück.**

Wiederholen Sie die Übung mit der anderen Vorderpfote und ziehen Sie auch hier Ihre Hand nur soweit zurück, wie Ihr Hund diese Streckung nach vorne mitmachen kann. **Achten Sie darauf, dass die Streckung sehr gerade durchgeführt wird und ziehen Sie die Pfote nicht nach oben, sondern nur nach vorne.** Gehen Sie behutsam vor. Führen Sie die Übung auf jeder Seite drei Mal durch.

## Alternative

Einige wenige Hunde haben Schwierigkeiten, sich auf diese Übung einzulassen. Sie nehmen bei jeder noch so kleinen Bewegung sofort die Pfote zurück. Falls Sie einen solchen Hund haben, können Sie wie folgt vorgehen: Sie bieten Ihrem Hund Ihre flache Hand zu „Pfötchen geben". Allerdings halten Sie Ihre Hand dabei bewusst mit mehr Abstand als sonst von ihm entfernt, so dass er sich selbst strecken muss, um sie zu erreichen.

Bestätigen Sie ihn, sobald er die Pfote auf Ihre Hand gesetzt hat und versuchen Sie, ihn in dieser Position für einen Moment einfach nur zu halten. Führen Sie dann von sich aus aktiv seine Pfote zurück und setzen Sie sie sanft ab. Anschließend führen Sie die Übung mit der anderen Pfote durch.

*Hier geht Tuja fürs „Pfötchen geben" selbstständig in die Streckung.*

## Einzelübung 2.5 „Platz" und „steh" im Wechsel

Der Wechsel aus der Platzposition in das Stehen ist eine großartige Übung für den gesamten Körper. Allerdings muss sie sorgfältig durchgeführt werden. Damit die Übung gleichmäßig auf den Körper wirkt und keine Ausgleichsbewegungen provoziert, ist es wichtig, dass der Hund in der „Platz"-Position gerade auf dem Bauch und nicht auf der Seite liegt. **Alle vier Pfoten müssen sich bereits im Liegen gleichermaßen mit den Sohlen auf dem Boden befinden, damit der Hund sich anschließend in einer gleichmäßigen Bewegung nach vorne und oben in die „steh"-Position stemmen kann.** Führen Sie die Übung also nur dann durch, wenn Ihr Hund die klassische „Platz"-Position kennt und ausführen kann.

Ausgangsposition ist der vor Ihnen in der „Platz"-Position liegende Hund. Locken Sie ihn nun mittels Leckerchen oder Nasentarget so nach vorne oben, dass er sich vom Boden abstemmen und aufstehen muss, um sein Ziel zu erreichen.

Es ist scheinbar ganz leicht. Jedoch ist es wichtig, hier darauf zu achten, dass die Bewegung harmonisch und quasi „in einem Rutsch" **aus dem ganzen Körper** kommt. Die Hauptarbeit wird dabei zunächst von Hinterhand und unterem Rücken geleistet. **Alle vier Pfoten sollen ihre Position beim Hochstemmen nicht verändern.** Manche Hunde können das sofort, andere müssen dies erst erlernen.

*Pamo in der Ausgangsposition liegend, in der Aufwärtsbewegung und zuletzt stehend.*

Wenn Sie bei der Übung feststellen, dass Ihr Hund beim Hochstemmen immer wieder nur einseitig belastet, dann sollten Sie abklären lassen, ob es Gelenk- oder andere Probleme gibt, die ihm möglicherweise Schmerzen bereiten. Wenn Ihr Hund aber lediglich nicht versteht, dass er sich mit allen Vieren gleichzeitig hochstemmen soll, dann können Sie mit einem kleinen Trick oft schon Abhilfe schaffen. **Begrenzen Sie einfach die Fläche, auf der Ihr Hund die Übung durchführen soll**, indem Sie ihn zum Beispiel auf ein stabiles und ausreichend großes Holzbrett, eine Gummimatte oder etwas Ähnliches stellen. Der begrenzte Raum oder Untergrund scheint Hunden ein klareres Bild davon zu vermitteln, dass die nachfolgende Bewegung auch nur innerhalb dieses begrenzten Bereiches stattfinden soll. Bestätigen Sie Ihren Hund in jedem Fall nur dann, wenn er die Übung richtig durchgeführt hat.

Sobald Ihr Hund gerade auf allen vier Pfoten steht, signalisieren Sie ihm erneut „Platz". Den Wechsel vom Liegen ins Stehen und wieder zurück ins Liegen sollten Sie nicht öfter als drei bis fünf Mal durchführen lassen. **Viel wichtiger als viele Wiederholungen ist die sehr genaue und sorgfältige Durchführung der Übung.**

## Variante für Fortgeschrittene

Erst wenn Ihr Hund die Übung richtig gut beherrscht und sich zuverlässig mit allen Vieren gleichzeitig und in gerader Haltung hochstemmt, **können Sie versuchen, ob es auch auf einem nachgebenden Untergrund wie zum Beispiel einer Schaumstoffmatratze oder einer Luftmatratze klappt.** Bei dieser Variante werden noch ganz andere Körperbereiche beansprucht. So ist neben der gleichmäßigen Belastung der Muskulatur zusätzlich die Balancierfähigkeit gefordert. In der Vorwärts-Aufwärtsbewegung liegt ja das Körpergewicht zunächst stärker im Bereich der Hinterhand und wird dann schließlich teilweise wieder nach vorne verlagert. Dies hat natürlich Einfluss auf den nachgebenden Untergrund unter den Hundepfoten und muss deshalb ausbalanciert werden. **Versuchen Sie eine langsame Durchführung der Übung zu etablieren.** Je schneller der Hund sich hochstemmt, desto schwieriger ist es zu erkennen, ob er dabei gleichmäßig beide Seiten belastet. Bitte wiederholen Sie den Wechsel auf nachgebendem Untergrund nicht öfter als zwei bis drei Mal.

*Pamo zeigt die Übung „‚Platz' und ‚steh' im Wechsel" auf nachgebendem Untergrund – hier ein ausrangiertes Sofakissen.*

## Einzelübung 2.6 Sonnengruß

In Anlehnung an Yogaübungen für Zweibeiner habe ich den „Sonnengruß" für Hunde entwickelt. Korrekt durchgeführt aktiviert und dehnt diese Übung die gesamte Muskulatur. Sie kann sehr schön als Abschlussübung nach einer Einheit Körperarbeit eingesetzt werden. Sie ist leicht erlernbar und kann den Fortschritten des Hundes entsprechend gut angepasst werden.

Für die Durchführung der Basisübung benötigen Sie einen stabilen und rutschfesten Gegenstand, auf dem die Vorderpfoten Ihres Hundes ausreichend Platz haben. Der Gegenstand sollte ungefähr Karpalgelenkshöhe haben. Gut geeignet ist beispielsweise ein Holzbalken. Lassen Sie nun Ihren Hund mit den Vorderpfoten auf den Gegenstand steigen und hocken Sie sich vor ihn. **In der Ausgangsposition sollte er gerade stehen und alle vier Pfoten belasten. Während der folgenden Bewegungen sollen die Pfoten möglichst in der gleichen Position bleiben.**

Locken Sie Ihren Hund als Erstes mit einem Leckerchen mit der Nase nach unten, so dass er ein klein wenig die Ellenbogen beugen muss. In einer fließenden Bewegung locken Sie ihn von dort aus etwas nach vorne in eine ganz leichte Streckung, und dann nach oben, so dass er sich wieder

*Pamo in der Ausgangsposition. Von hier aus wird sie zunächst gerade nach unten gelockt.*

*Aus der Position unten folgt eine leichte Bewegung nach vorne und anschließend nach oben und zurück in die Ausgangsposition.*

aufrichtet, und führen Sie ihn dann in die Ausgangsposition zurück. Der Bewegungsablauf sollte möglichst fließend sein: Nach unten – nach vorne – nach oben – zurück. Drei Wiederholungen sind ausreichend. Mehr als fünf Wiederholungen sollten nicht durchgeführt werden.

Erarbeiten Sie sich diese Übung langsam mit Ihrem Hund. **Anfangs sollten die Bewegungen nur sehr klein sein.** Vielleicht können Sie jemanden bitten, Sie bei der Durchführung der Übung von der Seite zu filmen, damit Sie den Bewegungsablauf auch einmal aus dieser Position sehen können. Die Bewegung nach unten, vorne, oben und wieder zurück soll nicht allein mit dem Kopf stattfinden, sondern sie soll **im gesamten Körper des Hundes sichtbar sein**. Wenn dies beachtet wird, reicht es vollkommen aus, wenn die Bewegung anfangs nur wenige Zentimeter beträgt.

Falls Ihr Hund dazu neigt, sich bei der Abwärtsbewegung direkt ins Liegen zu begeben, bestätigen Sie ihn deutlich früher und locken Sie ihn einfach etwas weniger weit nach unten.

**Auch bei dieser Übung werden Sie feststellen, dass im Laufe der Zeit das Ausmaß der möglichen Bewegung zunimmt und die Beugung und Streckung für Ihren Hund immer leichter zu bewältigen sein wird.**

Es gibt mehrere Möglichkeiten, diese Übung für fortgeschrittene Hunde zu variieren. Probieren Sie diese Varianten aber erst dann aus, wenn Ihr Hund die Basisübung mindestens über einen Zeitraum von sechs Wochen regelmäßig und in guter Haltung absolviert hat.

### Varianten für Fortgeschrittene

- Durchführung mit den Vorderpfoten auf einem wackeligen Gegenstand (zum Beispiel Balance Pad)
- Durchführung mit den Vorderpfoten auf stabilem, höherem Gegenstand (Höhe bis Mitte zwischen Karpal- und Ellenbogengelenk)
- Durchführung mit Vorderpfoten auf stabilem und Hinterpfoten auf wackeligem Gegenstand (Dabei beachten, dass der Hund mit den Vorderpfoten höher stehen soll als mit den Hinterpfoten.)
- Durchführung mit Vorder- und Hinterpfoten auf wackeligem Gegenstand (Auch hier sollen die Vorderpfoten höher stehen als die Hinterpfoten.)

Achten Sie bei allen hier aufgeführten Varianten immer auf eine korrekte Durchführung in gut ausbalancierter Körperhaltung. Die Verwendung von wackeligen Gegenständen macht die Übung sehr anspruchsvoll. Führen Sie diese deshalb maximal drei Mal direkt hintereinander durch.

## Übungsbereich 3 Berührung und Massage

### Nacken und Rücken

Eine Wohlfühlmassage dieser Bereiche kann in vielen Positionen ausgeführt werden. Ihr Hund kann vor Ihnen sitzen, sich im „Platz" befinden oder auf der Seite liegen. **Da es hierbei wichtig ist, sich an der Wirbelsäule zu orientieren, empfehle ich zunächst die Durchführung am sitzenden Hund**, denn in dieser Position können Sie die Wirbelsäule am besten spüren. Die nachfolgend beschriebenen Streichungen werden zu Beginn und zum Abschluss der Wohlfühlmassage durchgeführt.

### Streichungen

Legen Sie Ihre Hände flach nebeneinander auf den Nacken Ihres Hundes, so dass Sie mit den Fingerspitzen gerade noch sein Hinterhauptbein berühren. Die Daumen nehmen Sie bitte hoch, sie spielen jetzt (noch) keine Rolle. Lassen Sie Ihre Hände einen Moment einsinken. Üben Sie keinen Druck aus. Das Eigengewicht Ihrer Hände ist vollkommen ausreichend. Jetzt ziehen Sie Ihre Hände in einer langsamen und gleichmäßigen Bewegung rechts und links der Wirbelsäule liegend den gesamten Rücken hinunter bis zum Rutenansatz. Dort angekommen holen Sie zuerst die eine Hand wieder in die Ausgangsposition an den Nacken und dann die andere. **Wichtig ist, dass immer eine Hand am Hund bleibt, denn das fördert die Entspannung.** Diese Streichungen führen Sie mindestens vier Mal durch. Die ersten zwei Touren werden nur mit dem Eigengewicht der Hände durchführt. Danach können Sie den Druck etwas steigern. Wichtig ist, dass Sie mit Ihren Händen immer neben der Wirbelsäule bleiben und keinesfalls auf die Wirbelkörper drücken.

### Ziehen und Kreisen mit den Daumen

Sie beginnen am gleichen Punkt wie bei den Streichungen. Ihre Daumen liegen am Hinterhauptbein an, Ihre Hände sind nach außen abgespreizt und liegen am Hund flach an. Die Arbeit wird jetzt von den Daumen verrichtet. Sie beginnen, indem Sie mit leichtem Druck der Daumen rechts und links neben der Wirbelsäule nach unten wandern. Hier geht es vor allem um die Zugbewegung. Üben Sie nur so viel Druck aus, dass das Gewebe mitgezogen wird. Dies ist das „Ziehen".

Am Rutenansatz angekommen legen Sie wieder nacheinander erst die eine und dann die andere Hand zurück in den Na-

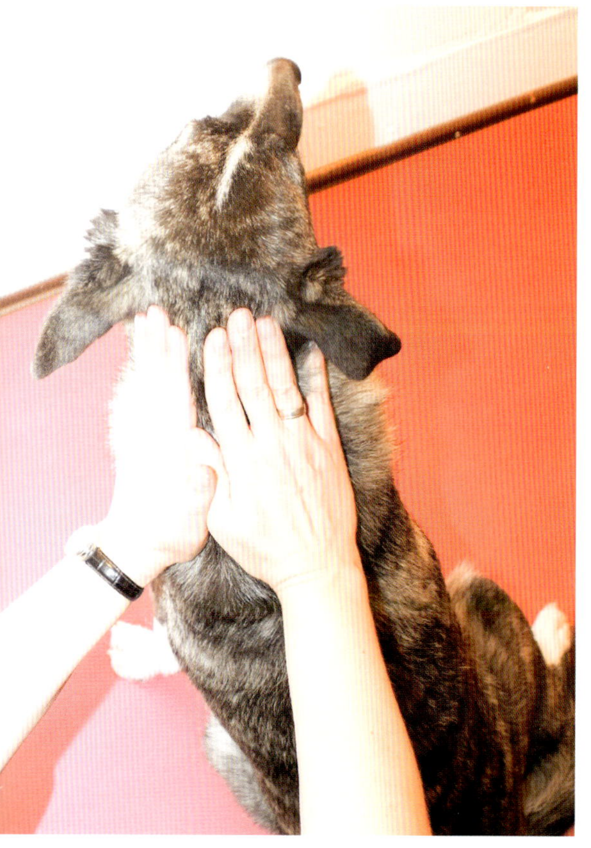

*In der Ausgangsposition liegen die Hände flach auf und die Fingerspitzen zeigen zum Hinterhauptbein.*

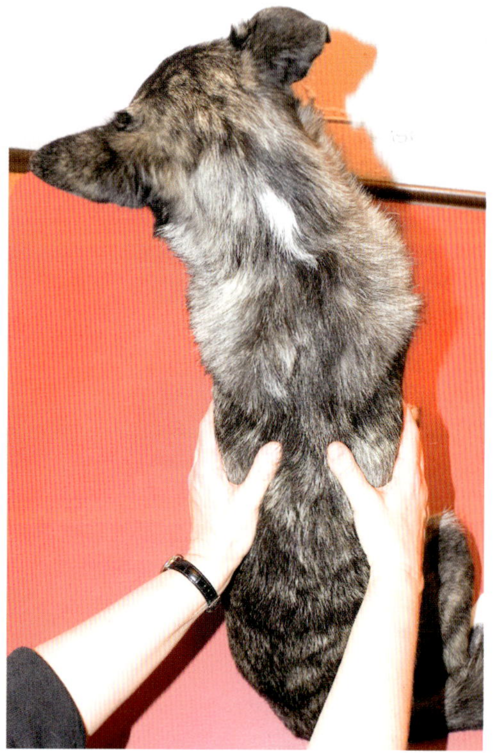

*Mit den Daumen führen Sie rechts und links der Wirbelsäule eine sanfte Zugbewegung vom Nacken bis zum Rutenansatz durch. Die Hände liegen dabei abgespreizt an der Seite des Hundes.*

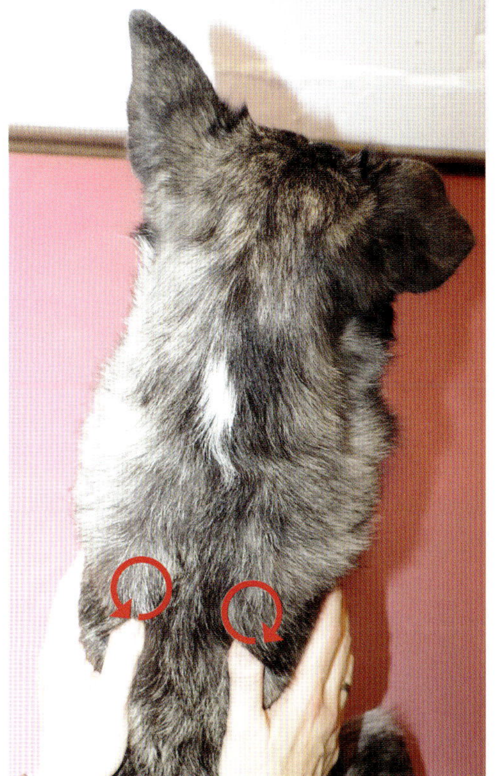

*Beginnend am Nacken wandern Sie in kleinen, kreisenden Bewegungen entlang der Wirbelsäule bis zum Rutenansatz.*

cken Ihres Hundes. Jetzt führen Sie mit beiden Daumen gleichzeitig sehr kleine kreisende Bewegungen durch. Mit dem rechten Daumen kreisen Sie dabei im Uhrzeigersinn und mit dem linken Daumen in die entgegengesetzte Richtung. **Der Halbkreis in Richtung der Rute erfolgt ohne, der Halbkreis nach oben mit leichtem Druck, so dass das Gewebe leicht nach oben geschoben wird.** Mit fortlaufenden kreisenden Bewegungen wandern Sie langsam an der gesamten Wirbelsäule Ihres Hundes entlang bis hin zum Rutenansatz.

Führen Sie immer abwechselnd jeweils mindestens fünf Touren „Ziehen" und „Kreisen" durch. Bei jedem Wechsel der Hände achten Sie bitte darauf, dass immer eine Hand am Hund bleibt.

Wenn Sie einen sehr großen Hund haben, können Sie das Ziehen und Kreisen auch mit dem Daumenballen durchführen. Wichtig ist auch bei diesem Griff wieder: **Achten Sie immer darauf, beim Einsatz Ihrer Daumen nicht versehentlich zu starken Druck auszuüben.**

Sollte Ihr Hund bei der Wohlfühlmassage Anzeichen von Unruhe zeigen, ist eventuell Ihre Druckstärke zu hoch. Versuchen Sie es dann noch einmal mit deutlich weniger Druck. Wenn Ihr Hund auch darauf erkennbares Unwohlsein zeigt, kann dies ein Zeichen für Schmerzen und Störungen sein, die Sie beim Tierarzt abklären lassen sollten.

## Zwischenrippenbereich

Die zwischen den Rippen liegende Muskulatur ist unter anderem mitverantwortlich für die Atmung. Auch hier kann es zu Verspannungen kommen, zum Beispiel nach einer Erkrankung mit Husten. Sie können die Zwischenrippenmuskulatur Ihres Hundes pflegen, indem Sie diese regelmäßig mit wenig Druck ausstreichen. Bitte beachten Sie: **Da diese Streichungen mit den Fingerkuppen durchgeführt werden, müssen Ihre Fingernägel kurz sein.**

Sie ertasten sich zunächst an der Wirbelsäule beginnend in Höhe des hinteren Schulterblattrandes mit drei Fingern die Rippen Ihres Hundes. Legen Sie Ihren Zeige-, Mittel- und Ringfinger jeweils in den Bereich zwischen zwei Rippen und fahren Sie nun mit ganz wenig Druck die Zwischenräume entlang bis zum Ende der Rippen. Danach führen Sie die gleiche Streichung in den Zwischenräumen der weiter hinten liegenden Rippen durch. So fahren Sie fort, bis Sie alle Rippenzwischenräume ausgestrichen haben. **Falls Sie an Ihrem Hund die Rippenzwischenräume nicht ertasten können oder einen sehr kleinen Hund haben, führen Sie die Streichungen einfach mit flach aufgelegten Fingern über den gesamten Brustkorb durch.** Wie alle Streichungen sollten auch diese langsam durchgeführt werden.

Es gibt zwei typische Positionierungen für diese Streichungen. Wählen Sie die aus, die für Ihren Hund und Sie selbst gleichermaßen bequem ist: Ihr Hund kann auf der Seite liegen und Sie setzen sich vor seine Bauchseite. Die Positionierung auf der Bauchseite des Hundes dient dazu, dass Sie die Streichung in einer Zugbewegung zu sich hin durchführen können. Wenn Ihr Hund eine frontale und recht enge Zuwendung nicht als unangenehm empfindet, können Sie ihn alternativ auch sitzen lassen, sich vor ihn hinsetzen oder hocken und dann die Ausstreichungen sogar auf beiden Seiten gleichzeitig durchführen.

**In jedem Fall sollten Sie darauf achten, auch bei diesen Streichungen immer eine Hand am Hund zu haben.** Liegt Ihr Hund auf der Seite, können Sie zum Beispiel die Streichungen abwechselnd mit den Fingern der linken und der rechten Hand durchführen. Sitzt Ihr Hund vor Ihnen und Sie führen die Streichungen mit beiden Händen gleichzeitig durch, dann nehmen Sie, wenn Sie am unteren Ende der Rippen angelangt sind, erst eine Hand wieder nach oben und danach die andere. Streichen Sie jeden Zwischenrippenbereich fünf bis sechs Mal aus.

Teil 6

# Und natürlich – der Kopf

Auch der Kopf ist in der Körperarbeit ein Kapitel für sich. Hier geht es allerdings nicht um Positionierung, Stabilisierung und Bewegung, sondern es wird ausschließlich mit Berührungen und Massage gearbeitet. Der Kopf eines jeden Lebewesens ist ein **besonders sensibler Bereich**, denn dort treffen nicht nur wichtige Sinne wie der Geruchssinn, der Sehsinn und der Geschmackssinn zusammen. Die Tasthaare rund um Schnauze und Augen dienen als feine „Antennen", über die Hunde sehr viel wahrnehmen und die auch mit dem Gleichgewichtssinn in Verbindung stehen. **Berührungen am Kopf lassen nahezu alle Lebewesen nur dann wirklich gerne zu, wenn ein echtes Vertrauensverhältnis besteht.** Ansonsten tolerieren sie es eher, als dass sie es mögen – manche aber auch nicht. Hunde lassen sich meistens nur ungern von fremden Menschen am Kopf anfassen und sie schätzen noch viel weniger die oft sehr schnellen, hektischen Bewegungen, mit denen ihnen – oft völlig gedankenlos – über Ohren und Kopf gewuschelt wird. Viele Hunde weichen dann aus, drehen sich weg, um der für sie unangenehmen Situation zu entgehen.

Wenn Sie also in der Körperarbeit am Kopf des Hundes angelangt sind, dann ist hier noch sehr viel wichtiger als in allen anderen Bereichen: **Es wird mit langsamen und ruhigen Bewegungen gearbeitet, es wird nicht gegen den Willen des Hundes gearbeitet und der Hund erhält jederzeit die Möglichkeit, sich zurückzuziehen.**

## Anmerkungen zur Anatomie des Kopfes

Der Kopf des Hundes besteht – vereinfacht beschrieben – aus zwei knöchernen Hauptelementen: Dem Schädel 1 und dem Unterkiefer 2. Beide Hauptelemente bestehen aber nicht aus einem einzelnen Knochen, sondern aus mehreren Knochenteilen, die miteinander zunächst bindegewebsartig verbunden sind. Die Verknöcherung dieser Verbindungen erfolgt erst im Verlauf des Wachstums. Schädel und Unterkiefer sind beweglich miteinander über das Kiefergelenk 3 verbunden, welches das Öffnen und Schließen des Mauls ermöglicht. In aktiver Bewegung ist dabei ausschließlich der Unterkiefer. Eine seitliche Mahlbewegung ist mit dem Kiefergelenk übrigens nicht möglich. Mit seiner sehr kräftigen Kopfmuskulatur kann der Hund all das, was ein Beutegreifer können muss: Zupacken, Festhalten, Zerreißen von Beute und auch das kraftvolle Zerbeißen von Knochen. Die vielen kleineren Muskeln ermöglichen die außerordentlich feine Steuerung der Mimik, die ebenso wie die Körpersprache zum Ausdrucksverhalten des Hundes gehört. **Gerade am Kopf finden sich aber auch ganz wesentliche anatomische Unterschiede.** Nicht nur die Nasen-Schnauzenregion 4 und das Längenverhältnis von Kopf und Schnauze zueinander weisen bei den verschiedenen Rassen und Mischungen teilweise erhebliche Unterschiede auf. Dies gilt ebenso für Form und Ansatz der Ohrmuscheln 5. Die Kopffaszien eines Hundes mit Schlappohren bilden sich nicht in die gleichen Bewegungsrichtungen aus wie die eines Hundes mit Stehohren. Und sie müssen auch der Schwerkraft anders entgegenarbeiten. **Nicht alle anatomischen Unterschiede können in der Körperarbeit berücksichtigt werden. Nutzen Sie für sich und Ihren Hund all das, was umsetzbar ist.**

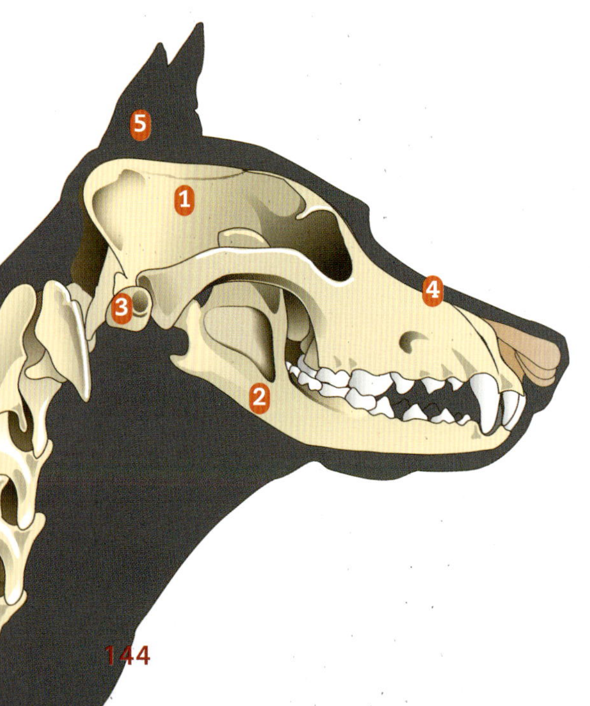

## Empfindliche Bereiche kennen

Wie schon beschrieben ist der Kopf insgesamt ein sehr sensibler Bereich. Regionen, für die das in einem besonderen Maß zutrifft, sind Ohren, Schnauze und insbesondere die sogenannten Nervenaustrittsbereiche. Letztere sind die Stellen, an denen die Nervenleitungen die knöcherne Hülle des Schädels verlassen und ihren Weg in das Weichteilgewebe fortsetzen.

### Die Ohren

Wie weiter oben bereits erwähnt sind Form und Ansatz der Ohrmuscheln je nach Typ des Hundes sehr unterschiedlich. Allen gleich ist jedoch die besondere Sensibilität dieses Körperbereiches. Aus der Reflexzonentherapie kommt der Gedanke, dass unter anderem die Ohren spiegelbildlich den gesamten Körper abbilden und daher mit einer Behandlung bestimmter Zonen der Ohrmuschel auch gezielt Einfluss auf einzelne Körperbereiche genommen werden kann. **In jedem Fall sind die Ohrmuscheln sehr empfindsame Körperteile**, auf deren sanfte Massage die meisten Hunde sehr positiv reagieren. Allerdings nehmen sie umgekehrt eine grobe Behandlung der Ohren auch durchaus übel. Entzündungen oder auch Milbenbefall können starke Schmerzen verursachen und die Empfindlichkeit deutlich erhöhen. **Behalten Sie daher die Ohren Ihres Hundes stets gut im Blick und kontrollieren Sie sie regelmäßig.** Das kann zusammen mit der später beschriebenen Ohrmassage zu einem einfachen, angenehmen und zudem sehr nützlichen Ritual werden.

### Die Schnauze

Die Nase des Hundes, der Nasenrücken, die oberen und auch die unteren Lefzen und auch die Unterseite der Schnauze sind Bereiche, die ebenfalls sehr berührungssensibel sind. Über die hier verteilten Tasthaare nimmt der Hund seine Umgebung wahr, mit seiner Schnauze empfängt und verteilt er die sogenannten „Schnauzenzärtlichkeiten“. Während wir unsere Hände nutzen, um Steicheleinheiten zu verteilen, können wir bei Hunden beobachten, dass sie ihre

Schnauze an den Lebewesen reiben, die sie mögen. Miteinander sehr vertraute Hunde beknabbern sich gerne gegenseitig, unter anderem auch an den Lefzen. Natürlich nutzen sie ihre Schnauze auch, um uns anzustupsen und zu irgendeiner Aktion zu animieren, um Futter zu erbetteln und auch um Aufmerksamkeit zu erlangen. **Die Hundeschnauze dient ganz offensichtlich der nonverbalen Kommunikation.** In der Körperarbeit nutzen wir die Empfänglichkeit unserer Hunde für Schnauzenzärtlichkeiten, um Zusammengehörigkeit zu zeigen und Wohlgefühl zu vermitteln.

### Nervenaustrittsbereiche

Es gibt im Bereich der Schnauze bestimmte Stellen, an denen Nervenbahnen die knöcherne Struktur des Schädels verlassen. Dort reagieren viele Hunde empfindlich auf Druck. Durch die anatomischen Unterschiede sind diese Stellen nicht an jedem Hundekopf gleichermaßen gut zu lokalisieren. Es reicht aber auch, wenn Sie einfach im Gedächtnis behalten, dass es diese Stellen gibt. Da wir im Bereich von Kopf und Schnauze ohnehin nur mit **sehr sanften Berührungen und ohne jeglichen Druck** auf knöcherne Strukturen arbeiten (Ausnahme ist die Yin-Tang Massage), bleiben die in nachfolgendem Bild markierten Nervenaustrittsbereiche unberührt.

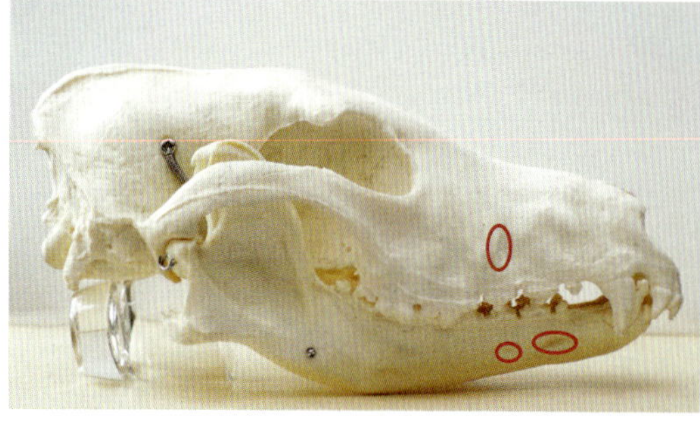

*Die hier markierten Nervenaustrittsbereiche sind besonders empfindlich.*

## Berührungen und Massage

Die nachfolgend beschriebenen Griff- und Massagetechniken können Sie einzeln oder auch kombiniert durchführen. Die beschriebene Reihenfolge hat sich in der Praxis bewährt, muss aber nicht zwingend eingehalten werden. Optimal ist es jedoch, die Kopfstreichungen immer zu Beginn und als Abschluss durchzuführen.

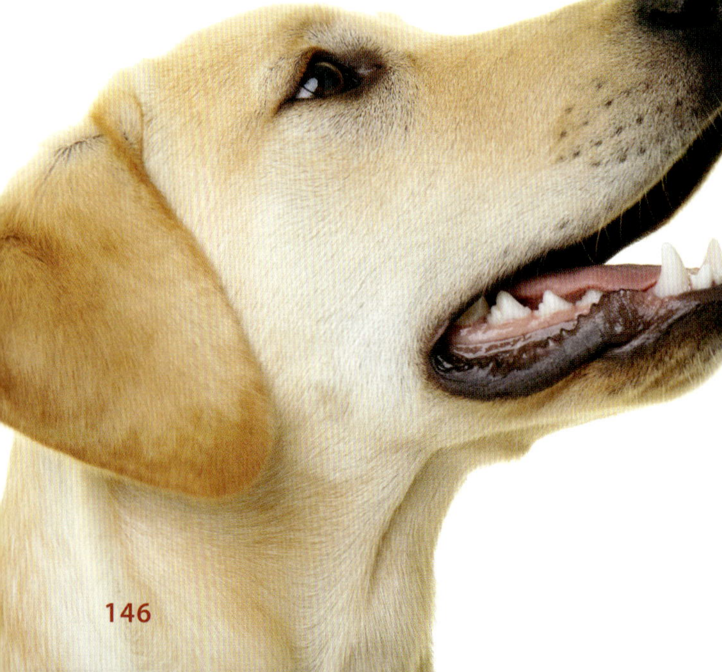

## Kopfstreichungen

Die folgenden Streichungen werden mit gerade so viel Druck durchgeführt, dass Sie mit Ihren Händen bzw. Fingern nicht nur über das Fell gleiten. **Die Haut soll sich ein klein wenig mitbewegen.** Am einfachsten sind diese Streichungen durchzuführen, wenn Ihr Hund vor Ihnen sitzt und sein Rücken Ihnen zugewandt ist. Legen Sie Ihre Hände bzw. Finger rechts und links an seine Schnauze. Ihre Fingerspitzen liegen dabei an der Nase Ihres Hundes.

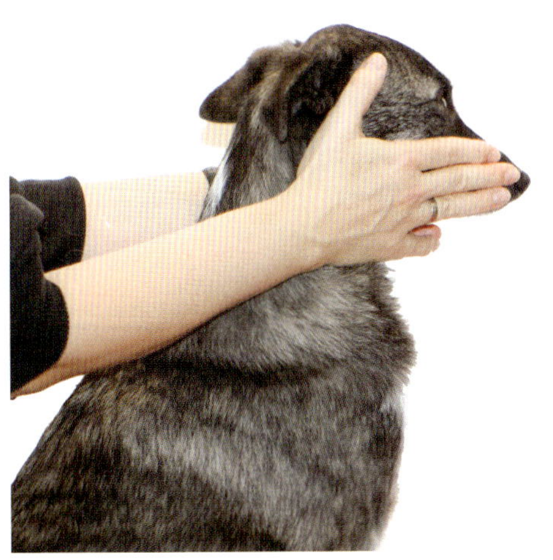

*Ausgangsposition*

Nun streichen Sie in einer fließenden Bewegung **seitlich an der Schnauze Ihres Hundes entlang, über seine Wangen, unterhalb der Ohren entlang zum Nacken, von dort aus den Nacken herab bis etwa zu den Schulterblättern.** Dann nehmen Sie zuerst die eine Hand wieder nach vorne und legen sie jetzt auf den Nasenrücken Ihres Hundes. Danach folgt Ihre andere Hand, die Sie unter der Schnauze Ihres Hundes positionieren.

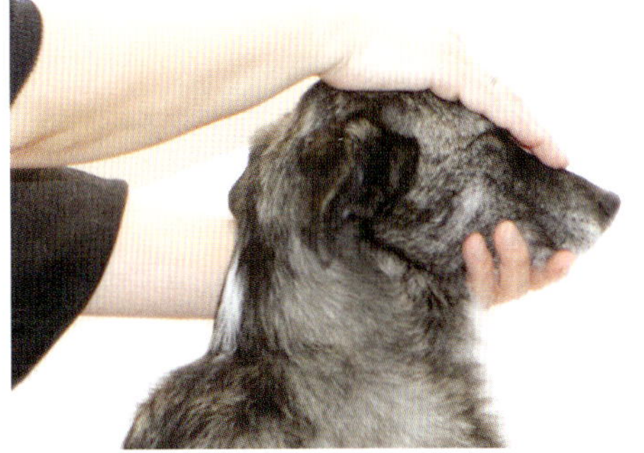

*Endposition nach der ersten Streichung und gleichzeitig Ausgangsposition für die zweite Tour*

Nun streichen Sie mit der oben liegenden Hand oder den Fingern – je nach Größe Ihres Hundes – den **Nasenrücken entlang, über die Stirn, zwischen den Ohren entlang und über den Hinterkopf und Nacken wiederum bis etwa zu den Schulterblättern** Ihres Hundes. Dann greifen Sie mit der unter der Schnauze liegenden Hand um und führen damit ebenfalls die Streichung über den Nasenrücken und bis hin zu den Schulterblättern durch. Anschließend nehmen Sie nacheinander zuerst die eine und dann die andere Hand nach vorne.

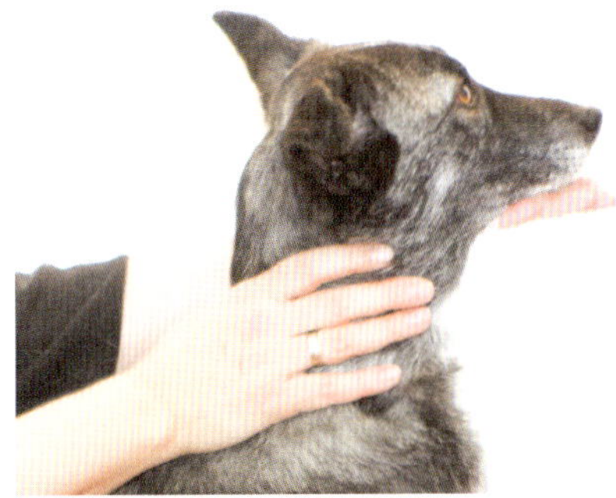

*Die linke Hand liegt bereits unter der Schnauze, die rechte folgt nach.*

Legen Sie Ihre Hände mit der Innenfläche unter die Schnauze des Hundes. Ihre Hände liegen dabei übereinander. Nun streichen Sie nacheinander zuerst mit der einen und dann mit der anderen Hand **unter der Schnauze Ihres Hundes entlang, dann weiter am Hals entlang über die Vorderbrust.**

Danach legen Sie nacheinander die Hände wieder seitlich an die Schnauze Ihres Hundes und beginnen von vorne. Führen Sie diese Streichungen mindestens drei Mal durch. Achten Sie sehr auf eine langsame und ruhige Durchführung. **An der Reaktion Ihres Hundes können Sie in der Regel gut erkennen, ob Sie ruhig genug arbeiten.**

## Fingerkreisungen Kaumuskulatur

Ihr Hund kann bei diesem Massagegriff Ihnen zugewandt oder mit dem Rücken zu Ihnen sitzen oder auch auf dem Bauch liegen. Da der Griff am einfachsten auf beiden Kopfseiten gleichzeitig durchgeführt wird, sollte Ihr Hund jedoch nicht auf der Seite liegen. Sollte nur die Seitenlage infrage kommen, führen Sie die Kreisungen einfach nacheinander auf beiden Seiten durch.

Legen Sie, je nach Größe Ihres Hundes, einen oder mehrere Finger rechts und links flach auf die Wangen Ihres Hundes. Unter Ihren Fingern sollten Sie jetzt bei leichtem Druck die kräftige Kaumuskulatur Ihres Hundes wie ein Kissen spüren. Falls Sie Knochen spüren, sind Sie mit Ihren Händen zu weit oben oder zu weit vorne am Hundekopf. Orientieren Sie sich dann

*Die Hände oder Finger liegen flach auf der Kaumuskulatur auf.*

einfach noch einmal neu. Üben Sie nun **mit Ihren flachen Fingern** (NICHT mit den Fingerkuppen!) nur ganz wenig Druck aus und massieren Sie in sehr langsamen, kreisenden Bewegungen die Kaumuskulatur Ihres Hundes.

Wenn Sie einen sehr großen Hund haben, können Sie diese Kreisungen auch mit den Handballen durchführen. Wichtig ist aber auch dann, dass Sie nicht zu viel Druck ausüben. Es ist ausreichend, wenn bei den kreisenden Bewegungen die Haut immer ein wenig mitkommt. **Nach fünf bis sechs kreisenden Bewegungen stellen Sie Ihre Fingerkuppen auf und führen nun drei bis vier Kreisungen mit den Fingerkuppen durch.** Dabei „kratzen" Sie einfach ein wenig durch das Fell Ihres Hundes. **Das Ganze geschieht ohne Druck.** Hier geht es lediglich um einen kleinen Berührungsreiz, der – ähnlich wie ein Beknabbern – für Wohlbefinden sorgt. Die Kreisungen mit aufgestellten Fingerkuppen dürfen ein wenig schneller durchgeführt werden.

**Führen Sie die Kreisungen mit flachen Fingern und aufgestellten Fingerkuppen abwechselnd mehrere Male durch und beenden Sie die Kreisungen immer mit flach aufliegenden Fingern.**

## Fingerkreisungen an Oberkopf, Stirn und Hinterkopf

Wenn Sie direkt vorher Kreisungen auf der Kaumuskulatur Ihres Hundes durchgeführt haben, dann können Sie gleich in dieser Position bleiben. Nächster Startpunkt ist nämlich wieder die Kaumuskulatur. Ziehen Sie Ihre beidseitig flach auf der Kaumuskulatur Ihres Hundes liegenden Finger zwischen Augen und Ohren in langsamen, kreisenden Bewegungen nach oben, über die Augen hin zur Stirn. Dort führen Sie mehrere Kreisungen auf der Stelle durch. Dann wandern Sie mit langsamen, kreisenden Bewegungen weiter über den Oberkopf Ihres Hundes. Im Bereich zwischen den Ohren führen Sie wieder mehrere Kreisungen auf der Stelle durch und bewegen dann Ihre flachen Finger – immer weiter kreisend – bis hin zum Hinterkopf und dem Übergang zum Nacken. Kreisen Sie dort noch ein paar Runden auf der Nackenmuskulatur. **Diese Massagetour wiederholen Sie anschließend mit aufgestellten Fingerkuppen.**

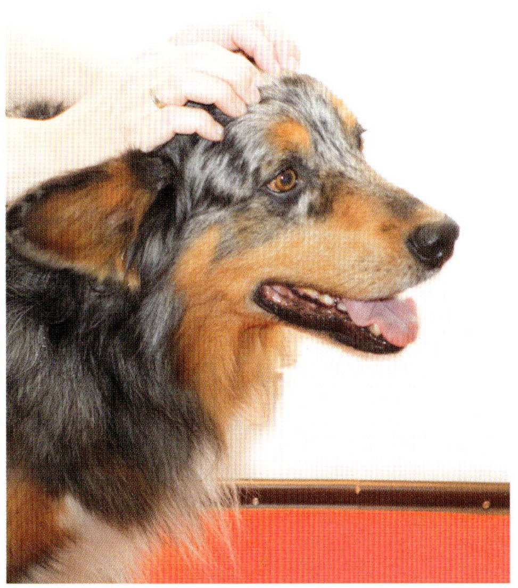

*Tucker genießt Kreisungen auf dem Oberkopf mit aufgestellten Fingern.*

Insgesamt sollten Sie die Tour vier bis fünf Mal wiederholen und mit flach aufliegenden Fingern beenden. **Denken Sie auch hier daran, immer eine Hand am Kopf des Hundes zu belassen, um weiter in Verbindung zu bleiben.** Zum Start der Wiederholung der Tour bleibt also zunächst eine Hand am Nacken, während Sie die andere wieder an die Kaumuskulatur legen. Erst dann wird auch die zweite Hand zurück zur Kaumuskulatur geholt.

## Massage der Ohrbasis

Die Massage der Ohrbasis kann sehr gut an beiden Ohren gleichzeitig durchgeführt werden. Ihr Hund kann Sie entweder dabei anschauen, das ist die von mir bevorzugte Variante. Oder er sitzt vor Ihnen mit Ihnen zugewandtem Rücken. Probieren Sie einfach aus, was für Sie beide am besten funktioniert.

Achten Sie auch bei der Ohrmassage darauf, diese **nur mit kurzen Fingernägeln durchzuführen**.

### Variante Hundekopf zugewandt

Umgreifen Sie mit beiden Händen die Ohren Ihres Hundes so, dass Ihre Daumen oben auf dem Hundekopf zwischen den Ohren und Ihre Finger außen am unteren Ansatz der Ohrmuschel liegen.

Nun massieren Sie mit leichtem Druck und kreisenden Bewegungen mit Ihren Daumen die Ohrbasis von innen nach außen, also mit dem rechten Daumen im Uhrzeigersinn und mit dem linken gegen den Uhrzeigersinn. Dabei bringen Sie mit der Massagebewegung einen ganz leichten Zug auf den Ohransatz. **Viele Hunde lassen dabei den Kopf noch nach unten sinken und verstärken so eigenständig den Zug.** Die allermeisten Hunde lieben eine sanft durchgeführte Ohrenmassage, jedoch kann es auch ablehnende Reaktionen geben. Diese können zum Beispiel ihre Ursache in einer schmerzhaften Ohrentzündung haben, die dann zunächst behandelt werden muss. Auch können Hunde unerwartet reagieren, wenn sie schlechte Erfahrungen gemacht haben. **Bitte gehen Sie in jedem Fall sehr behutsam vor und gewöhnen Sie Ihren Hund an diese Form der Zuwendung.**

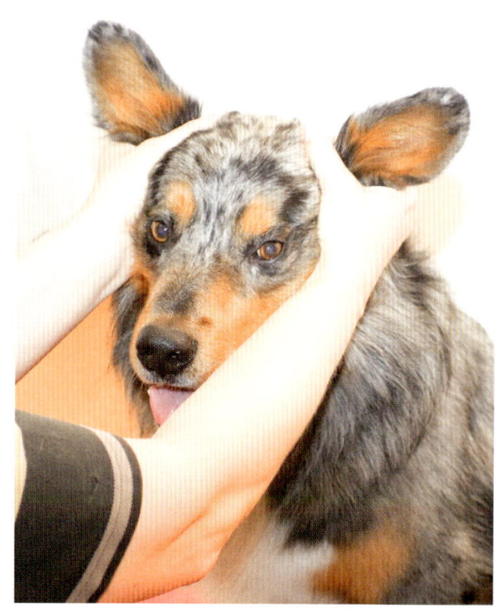

*Ausgangsposition für die Massage der Ohrbasis, hier in der Variante mit zugewandtem Hundekopf*

### Variante Hunderücken zugewandt

Hier greifen Sie lediglich anders, führen aber die Massage ansonsten genauso durch, wie in der oben beschriebenen Variante. Ihr Hund kann dabei vor Ihnen liegen oder sitzen. Umgreifen Sie die Ohren Ihres Hundes gleichzeitig mit beiden Händen. Legen Sie dabei Ihre Daumen zwischen den Ohren an den Ohransatz und die Handinnenflächen außen um die Ohrmuschel.

*Ausgangsposition für die Massage der Ohrbasis, hier in der Variante mit abgewandtem Hundekopf*

Massieren Sie mit Ihren Daumen die Ohransätze in kleinen, sanften Kreisungen von innen nach außen und bringen Sie dabei – wie oben beschrieben – leichten Zug auf die Ohransätze.

## Ausstreichen der Ohrmuscheln und Heben der Ohren

Die Ohrmuscheln werden hierbei in ihrer kompletten Fläche von der Basis bis zur Spitze ausgestrichen. Sie können diesen Griff in jeder Position ausführen. Ihr Hund kann dabei sitzen, stehen oder liegen. Sie können beide Ohren gleichzeitig ausstreichen oder sie nacheinander bearbeiten. Je nach Positionierung arbeiten Sie mit Ihren Daumen innen und mit den übrigen Fingern außen an der Ohrmuschel oder umgekehrt. Sitzt Ihr Hund beispielsweise vor Ihnen mit Ihnen zugewandtem Gesicht, dann legen Sie Ihre Daumen in die Ohrmuschel und Ihre übrigen Finger außen auf die Ohrmuschel.

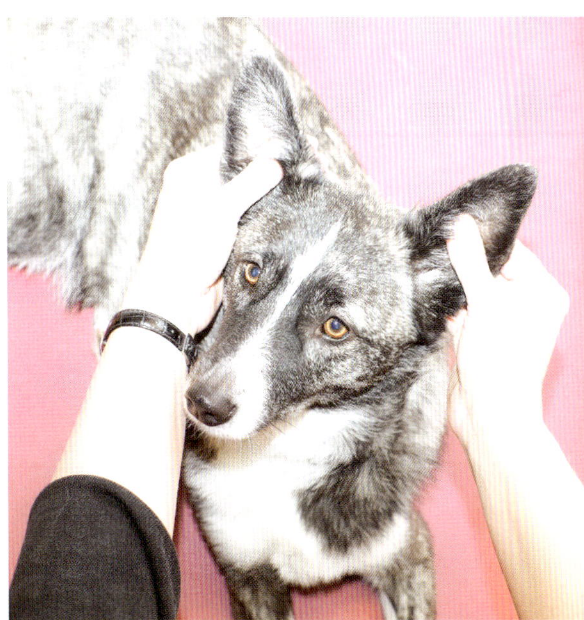

*Tuja genießt das Ausstreichen der Ohrmuscheln mit Blickkontakt.*

Jetzt streichen Sie in einer leicht ziehenden Bewegung des Daumens zunächst die innere Seite der Ohrmuschel von unten nach oben aus. Die außen liegenden Finger geben der Ohrmuschel dabei Halt und folgen der Bewegung des Daumens nicht. Diese Ausstreichung wiederholen Sie nun Daumenbreite für Daumenbreite, bis Sie die komplette Ohrmuschel ausgestrichen haben. **Die Bewegungsrichtung ist dabei immer von unten nach oben und vom inneren zum äußeren Rand der Ohren.** Streichen Sie jede Ohrmuschel zwei bis drei Mal aus.

**Das Ohrenheben ist vor allem eine Praktik für Hunde mit hängenden Ohren.** Bei hängenden Ohren wirkt die Schwerkraft und bringt die Kopffaszien dauerhaft in einen abwärts gerichteten Zug. Auch wenn dies keine Fehlhaltung oder außerordentliche Belastung ist, bleibt es dennoch eine stets gleiche Haltung, die ein Hund nicht mit einer gegenläufigen Bewegung selbst ausgleichen kann. Eine hin und wieder durchgeführte Entlastung durch das nachfolgend beschriebene Ohrenheben ist deshalb empfehlenswert und wird zudem durchaus genossen. Den leichten Zug auf den Ohransatz habe ich bereits bei der Massage der Ohrbasis beschrieben. Das Ohrenheben funktioniert sehr ähnlich. Ihr Hund sollte Sie am besten dazu anschauen und sich in einer aufrechten Position befinden, also nicht auf der Seite liegen.

*Tucker ist ein gutes Beispiel dafür, dass auch Hunde mit Stehohren das Ohrenheben genießen können.*

**Das Ohrenheben wird außerdem immer zeitgleich am linken und rechten Ohr durchgeführt. Auf diese Weise gelingt es leichter, einen sehr gleichmäßigen Zug sicherzustellen.**

Schaut Ihr Hund Sie an, dann umgreifen Sie seine Ohren ganz ähnlich wie bereits beim Ausstreichen der Ohrmuscheln. Legen Sie Ihre kleinen Finger außen ganz dicht an die Ohrbasis, so dass Sie den knorpeligen Teil der Ohrbasis gut fühlen können. Ring-, Mittel- und Zeigefinger liegen dicht darüber nebeneinander außen an den Ohrmuscheln und die Daumen auf gleicher Höhe innen in den Ohrmuscheln. Halten Sie jetzt die Ohren zwischen Daumen und Fingern sanft fest und richten Sie sie in eine Stehohrenposition auf. Dann bringen Sie die Ohren ein ganz klein wenig

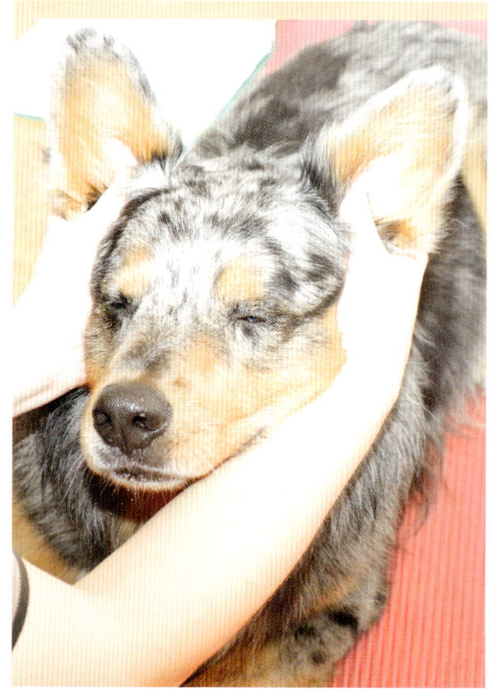

auf Zug, so als würden Sie sie nach oben anheben wollen. Halten Sie die Ohren auf diese Weise etwa drei bis fünf Sekunden und geben Sie dann wieder nach. Wiederholen Sie das Ohrenheben fünf bis sechs Mal und achten Sie dabei genau auf Ihren Hund. Er sollte sich während dieser Übung gut entspannen können. Ist das nicht der Fall, prüfen Sie bitte, ob beispielsweise eine Ohrentzündung vorliegt und lassen Sie diese behandeln, bevor Sie die Körperarbeit an den Ohren fortsetzen.

## Lefzenmassage

Die Massage der Lefzen ist nicht nur eine sehr freundliche und liebevolle Behandlung für den Hund. Hinzu kommt, dass durch die gleichzeitige Massage des Zahnfleisches dort die Durchblutung angeregt wird, was sich positiv auf die Gesundheit des Zahnhalteapparates auswirken kann. Mit der Lefzenmassage kann auch ganz wunderbar die regelmäßige Kontrolle des Mauls und der Zähne verbunden werden. **Regelmäßig an den Lefzen massierte Hunde haben Berührungen an dieser Stelle als etwas sehr Positives kennengelernt. Sie lassen sich daher erfahrungsgemäß sehr leicht und auch freiwillig ins Maul schauen.**

Die Lefzenmassage kann ganz einfach an beiden Seiten gleichzeitig oder nacheinander rechts und links durchgeführt werden. Ihr Hund kann dazu mit dem Gesicht oder mit dem Rücken Ihnen zugewandt sitzen. Legen Sie ein bis drei Fingerkuppen oder die Daumenkuppen rechts und links neben seiner Nase mit so wenig Druck auf die Lefzen, dass Sie darunter gerade so eben das die Fangzähne haltende Zahnfleisch spüren.

*Ausgangsposition bei einseitiger Durchführung*

Behalten Sie diesen Druck und schieben Sie nun mit Ihren Finger- oder Daumenkuppen die Lefzen in kleinen kreisförmigen Bewegungen auf dem Zahnfleisch entlang. Dabei wandern Sie langsam auf den Lefzen entlang nach hinten, bis Sie am Maulwinkel angelangt sind. Eine kreisförmige Bewegung sollte ca. eine Sekunde dauern. Für die Tour zurück nach vorne greifen Sie nun mit einer oder mehreren Fingerkuppen unter die Lefzen, legen die Daumenkuppen auf die Außenseite der Lefzen, und wandern nun mit kreisenden Bewegungen des Daumens auf der Außenseite der Lefzen zurück in Richtung Nase.

*Die Finger liegen innen, der Daumen außen an der Lefze.*

Bei sehr kleinen Hunden bleiben Sie auch auf dieser Tour nur auf der Außenseite der Lefzen. Wiederholen Sie die Lefzenmassage fünf bis sechs Mal. Manche Hunde sind an den Lefzen etwas kitzelig. In diesem Fall unterbrechen Sie einfach kurz die kreisenden Bewegungen und drücken ein klein wenig auf die Lefzen, um das kitzelnde Gefühl zu unterbrechen. **Variieren Sie die Druckstärke und achten Sie auf die Reaktion Ihres Hundes. Überlassen Sie es ihm, Ihnen zu zeigen, in welcher Form die Berührung für ihn angenehm ist.**

## Yin-Tang Massage

Es gibt bestimmte Punkte am (Hunde-)Körper, die bei Berührungsreizen zu nachhaltiger Entspannung führen können. Einer dieser Punkte heißt in der traditionellen chinesischen Medizin „Yin-Tang". **Diesem Akupunkturpunkt wird eine beruhigende Wirkung auf den Geist zugeschrieben.** Er soll außerdem helfen, die Gedanken zu fokussieren. Er liegt zwischen den Augen, beim Menschen auf Höhe der Augenbrauen. Ganz ähnlich ist er auch beim Hund lokalisiert. Um ihn zu nutzen, muss man ihn nicht einmal ganz genau treffen. Und es ist auch nicht notwendig, eine Nadel hineinzustechen. Akupunkturpunkte können auf viele verschiedene Arten aktiviert werden. Eine Möglichkeit ist die Akupressur, eine weitere die Akupunkt-Massage. In der Körperarbeit wird der Yin-Tang durch Massagestriche mit der Daumenkuppe oder den Daumenkanten aktiviert.

Ihr Hund kann bei der Durchführung sitzen, stehen oder liegen. Umfassen Sie den Kopf Ihres Hundes sanft mit den Händen und streichen Sie – entweder abwechselnd mit beiden Daumen oder einfach nur mit einem – den Bereich zwischen den Augen mit kurzen und ruhig etwas festeren Strichen von unten nach oben aus. So kann das dann aussehen:

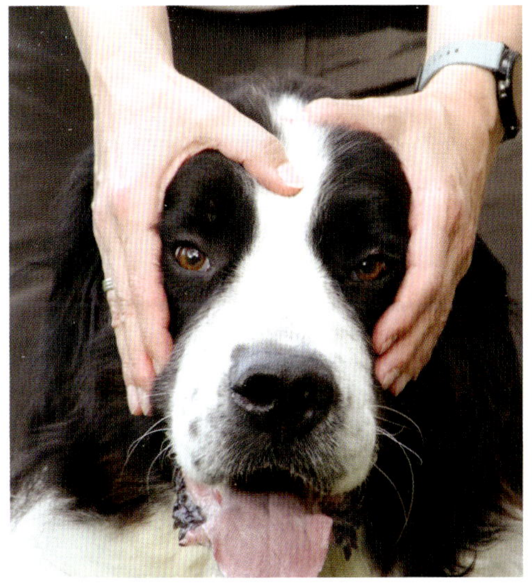

*Abwechselndes Ausstreichen*

*Ausstreichen mit einem Daumen*

Ein Massagestrich von unten nach oben sollte ca. eine Sekunde dauern. Führen Sie die Yin-Tang Massage so lange durch, wie Ihr Hund dabei entspannt ist, jedoch nicht länger als zwei Minuten. **Falls Ihr Hund während der Massage, nachdem er sich zuerst entspannt hatte, plötzlich unruhig wird, kann das ein Zeichen einer Überstimulation sein.** Beenden Sie dann einfach die Massage und führen Sie sie beim nächsten Mal kürzer durch.

Teil 7

# Ganzheitlicher Aufbau der Körperarbeit – was es zu beachten gibt

Bereits am Anfang dieses Buches habe ich auf den ganzheitlichen Aspekt der Körperarbeit hingewiesen. Sie haben in den einzelnen Kapiteln verschiedene Übungen kennengelernt, die zwar alle ihre Schwerpunkte haben, jedoch immer eine Gesamtwirkung erzeugen. Da ist zum einen der körperliche Aspekt der Bewegung, des Haltens von Positionen, der Koordination, aber auch der Balance. **Eine im körperlichen Bereich erarbeitete Balance wirkt aber andererseits auch auf der geistig/ seelischen Ebene** oder anders ausgedrückt: auf Kopf und Bauch. Zum Beispiel gibt der bewusst herbeigeführte Wechsel zwischen Anspannung und Entspannung in den Übungen dem Hund eine Lernerfahrung mit: **Auf Anstrengung folgt Erholung, auf Kraftaufwand folgt ein Nachlassen.** Wird dies oft genug mit ihm geübt, wird er leichter zur Ruhe finden, da sein Körper sich an die Abfolge „Anspannung – Entspannung" gewöhnt hat. Denn dies ist nicht nur eine Lernerfahrung der Muskulatur, sondern auch eine Erfahrung, die sich in den Reaktionen des vegetativen Nervensystems widerspiegelt. Das ist der Teil des Nervensystems, der unbewusst ablaufende Körperfunktionen steuert wie zum Beispiel Atmung, Herzschlag, Verdauung, Stoffwechsel. Die körperlich und geistig auslastende Wirkung der Körperarbeit für den Hund ist auch zu benennen, wobei diese – je nach körperlicher Fitness, Alter und Veranlagung des Hundes – sehr unterschiedlich ausfallen kann. **Einen jungen Hund mit sehr hohem Bewegungsbedarf wird eine kleine Einheit Körperarbeit pro Tag allein nicht ausreichend auslasten können. Für einen gemütlichen Seniorhund hingegen kann das neben der Gassi-Runde durchaus genügen.** Es ist wichtig, die jeweiligen Bedürfnisse des Hundes zu kennen und ernst zu nehmen. Die Berührungen in der Körperarbeit, aber auch insgesamt die gemeinsame Arbeit fördern außerdem die Bindung, so dass das Verhältnis zwischen Hund und Halter immer auch mit berührt wird.

Ihre vielen positiven Wirkungen kann die Körperarbeit dann optimal entfalten, wenn sie regelmäßig und in kleinen Einheiten durchgeführt wird. Es hat sich in der Praxis bewährt, sich kleine, 15-minütige Einheiten fest einzuplanen. Wenn das nicht täglich klappt, ist es gar nicht schlimm. Viel entscheidender ist, einfach anzufangen. Ich möchte Sie ausdrücklich dazu ermutigen, ruhig auch mit einer Einheit pro Woche zu starten. **Sie werden mit jeder Einheit, die Sie konzentriert durchführen, eine Wirkung erzielen.** Mindestens die, dass Sie mit Ihrem Hund ein schönes gemeinsames Erlebnis haben.

## Wie beginnen?

Ich habe bewusst das Kapitel rund um die Hundepfoten an den Anfang gesetzt. Meine Empfehlung an Anfänger ist es, mit den Übungen in diesem Kapitel zu beginnen und damit die Basis für alles Weitere zu legen. **Die späteren Übungen sind oft leichter durchführbar, wenn die Pfotenübungen bereits ganz routiniert absolviert werden können.**

Ob Sie danach mit den Übungen für die Hinterhand, die Vorderhand oder den Rumpf weitermachen, spielt hingegen keine so große Rolle. Eine weitere Empfehlung ist, die **Positionierungsübungen immer vor den Stabilisierungsübungen** zu erlernen. Solange Ihr Hund noch nicht alle Übungen kennt, sollten Sie pro Übungseinheit nicht mehr als zwei bis drei gänz-

lich neue Übungen erarbeiten. Wenn Sie das berücksichtigen und alle Übungen mit Sorgfalt und mit dem Ziel erarbeiten, dass es immer vor allem um die korrekte Haltung geht, dann haben Sie mit den hier vorgestellten Übungen einige Zeit zu tun.

Und entwickeln Sie dabei bitte keinen falschen Ehrgeiz, alle Übungen möglichst schnell zu erarbeiten. Denn dann würden Sie die gewünschte Wirkung ganz sicher verfehlen. Der Weg ist das Ziel, Ihr Hund soll sich wohlfühlen. Und es geht auch nicht darum, ihn „zu seinem Glück zu zwingen". Wann immer Ihr Hund bei Übungen aus der Körperarbeit eine Pause benötigt oder auch die Arbeit abbrechen möchte, akzeptieren Sie dies bitte.

## Zum Beginn einer Übungseinheit: Aufwärmen

Körperarbeit ist kein Leistungssport, sondern ein sanftes Aktivieren der verschiedenen Elemente, die im Bewegungsapparat zusammenspielen. Dennoch sollte auch hier der Hund keinen „Kaltstart" hinlegen, sondern ein wenig auf die folgenden Aktivitäten vorbereitet werden. Die Übungen der Körperarbeit, vor allem die Stabilisierungs- und Bewegungsübungen, entsprechen zwar durchaus den Haltungen und Bewegungen, die ein Hund auch sonst einnimmt oder durchführt, aber **sie werden in der Körperarbeit langsamer und bewusster durchgeführt sowie länger gehalten. Ihre Wirkung ist damit**

**deutlich konzentrierter.** Es ist wie beim Kaffeetrinken: Der „normale" Kaffee, von dem Sie zum Frühstück locker zwei oder drei Becher vertragen, hat niemals eine so konzentrierte Wirkung wie ein kleiner, starker und tiefschwarzer Espresso.

**Ihr Hund ist für die in diesem Buch vorgestellten Übungen ausreichend aufgewärmt, wenn Sie mit ihm fünf bis zehn Minuten spazieren gegangen sind.** Sie können also eine kurze Runde mit ihm Gassi gehen und anschließend eine Einheit Körperarbeit durchführen. Natürlich können Sie Ihren Hund auch zu Hause aufwärmen, indem Sie ihn für fünf bis zehn Minuten locker bewegen. Möglichkeiten dafür gibt es viele: Lassen Sie ihn beispielsweise im Slalom um Stühle laufen, kleinere Hunde können Sie auch Tischbeine umkreisen lassen. Kullern Sie ein paar Leckerchen über den Boden, denen Ihr Hund hinterherlaufen kann oder verstreuen Sie ein paar Leckerchen im Garten oder auf einer Wiese. Bei der Suche danach bewegt sich Ihr Hund mal langsamer und mal schneller, hat die Nase mal oben und mal unten. Lassen Sie Ihren Hund über niedrige Hindernisse steigen, beispielsweise über flache Balken, Besenstiele, zusammengerollte Handtücher. **Es geht einfach darum, dass vor Durchführung der ersten Übungen der Kreislauf angeregt, die Durchblutung des Körpers gesteigert und die Sauerstoffaufnahme verbessert wird.** All dies passiert durch moderate Bewegung und bereitet den Hund gut auf die dann folgende Körperarbeit vor.

Zur Vorbereitung kann ebenfalls eine **anregende Bürstenmassage** durchgeführt werden. Dabei werden die Beine des Hundes, wie schon in den Kapiteln für die Vorderhand und die Hinterhand beschrieben, mit kurzen Bürstenstrichen von den Pfoten beginnend bis unter den Bauch aufwärts gebürstet. Diese Maßnahme hilft Hunden auch dabei, insbesondere ihre Hinterbeine besser wahrzunehmen. Daher empfehle ich sie ganz besonders dann, wenn anschließend Übungen für die Hinterhand durchgeführt werden sollen.

## Zum Ende einer Übungseinheit:

# Streichungen zur Harmonisierung des Energieflusses

In der Praxis hat es sich bewährt, jeweils am Ende einer Übungseinheit eine aus der Akupunkt-Massage entlehnte Form von Streichungen durchzuführen. Dabei wird der Hund in Verlauf und Richtung der Meridiane mit flachen Händen sanft ausgestrichen. **Diese Streichungen sollen helfen, den Energiefluss im Körper zu harmonisieren.** Auf viele Hunde wirken diese Berührungen sehr entspannend. Da alle Körperbereiche berührt werden, ist es gut vorstellbar, dass hier eine verbindende Wirkung entsteht, die nicht zuletzt auch zu einem besseren Körpergefühl führt. Der folgenden Skizze können Sie die Richtung der Streichungen entnehmen.

Begonnen wird mit den Streichungen am Kopf von der Nasenspitze aus in Richtung Rücken, über die Oberseite des Halses und die Halsseiten, den Rücken und die Flanken, über die Kruppe und an der Außenseite der Hinterbeine entlang bis hin zu den Pfoten. Die Hinterbeine werden dann auf der Innenseite von unten nach oben ausgestrichen, es geht weiter über den Bauch in Richtung Brust, an der Innenseite der Vorderbeine von oben nach unten und an der Außenseite der Vorderbeine wieder nach oben, über die Schulter, über die Unterseite des Halses und des Unterkiefers entlang bis nach vorne zur Unterlippe. Hier wird dann am Ausgangspunkt, der Nasenspitze, erneut begonnen. Es sollten jeweils drei bis vier komplette Ausstreichungen langsam und mit nur sanftem Druck durchgeführt werden.

## Gestaltung von Übungseinheiten

Mit einer Übungseinheit ist hier ein kleines Programm gemeint, bei dem mehrere, bereits grundsätzlich erarbeitete Positionierungs-, Stabilisierungs- und Bewegungsübungen direkt nacheinander absolviert werden. Hier findet die Körperarbeit nicht „nebenbei" statt, wie zum Beispiel während eines Spaziergangs. **Überlegen Sie sich zu Beginn, welche Übungen Ihr Hund durchführen soll.** Sie können sich in einer kurzen Übungseinheit auf einen Körperbereich konzentrieren und beispielsweise vier bis fünf Übungen für die Hinterhand auswählen. Oder Sie planen für eine längere Übungseinheit für jeden Körperbereich ein bis zwei Übungen ein. Halten Sie Ihre Übungseinheiten insgesamt abwechslungsreich, damit alle Körperbereiche gleichermaßen aktiviert werden. Achten Sie außerdem darauf, dass **sowohl Stabilisierungs- als auch Bewegungsübungen** in Ihrem Programm enthalten sind. Eine Übungseinheit sollte immer mit dem Aufwärmen des Hundes beginnen und optimalerweise mit Streichungen zur Harmonisierung des Energieflusses beendet werden.

### Beispiel: Kurze Übungseinheit für die Hinterhand

- Aufwärmen
- Anregende Bürstenmassage

aus Teil 3:

- Einzelübung 1.2 Stehen mit der Hinterhand auf stabiler, kleinflächiger Erhöhung
- Einzelübung 2.2 Stehen mit der Hinterhand auf wackeliger, kleinflächiger Erhöhung
- Einzelübung 2.4 Isometrische Übung Hinterhand – Einstieg
- Einzelübung 3.1 Seitwärts über eine Stange treten
- Einzelübung 3.7 Hüftstreckung

aus Teil 6:

- Fingerkreisungen an Oberkopf, Stirn und Hinterkopf
- Abschluss: Streichungen zur Harmonisierung des Energieflusses

### Beispiel: Längere Übungseinheit für den gesamten Körper

- Aufwärmen

aus Teil 2:

- Einzelübung 4.5 Laufen auf einem Brett

aus Teil 3:

- Einzelübung 2.6 Isometrische Übung Hinterhand, wackeliger Untergrund
- Einzelübung 3.2 Seitwärts Umrunden mit der Hinterhand

aus Teil 4:

- Einzelübung 2.1 Stehen mit der Vorderhand auf wackeligem, großflächigem Gegenstand
- Einzelübung 3.1 Seitwärtsbewegung Vorderhand Basisübung

aus Teil 5:

- Einzelübung 2.1 Dreh dich
- Einzelübung 1.3 Stehen und Strecken mit leicht erhöhter Vorderhand

aus Teil 6:

- Massage der Ohrbasis
- Ausstreichen der Ohrmuscheln
- Abschluss: Streichungen zur Harmonisierung des Energieflusses

## Integration der Körperarbeit in den Alltag

Natürlich können Sie die Körperarbeit auch einfach direkt in Ihre Spaziergänge einbauen. **Für sehr viele der hier vorgestellten Positionierungs-, Stabilisierungs- und Bewegungsübungen finden Sie draußen im Wald oder auch in der Stadt Möglichkeiten zur Durchführung.** So könnten Sie beispielsweise während eines Waldspaziergangs nach zehn Minuten Positionierungsübungen und isometrische Übungen für die Hinterhand und Vorderhand auf einem Baumstumpf durchführen. Auf der weiteren Strecke durch den Wald könnten Sie einen stabil liegenden Baumstumpf entdecken, über den Sie Ihren Hund balancieren lassen. Anschließend üben Sie mit Ihrem Hund darauf „sitz“ und „steh“ oder auch „Platz“ und „steh“ auf begrenztem Raum. Im weiteren Verlauf des Weges könnten Sie dann eine Bank entdecken, sich dort zu einer kleinen Pause niederlassen und Ihren Hund mithilfe Ihres mitgebrachten Pausensnacks zu ein paar Rumpfbeugen oder zum Aufwärts- und Abwärtsblick überreden. Ich wette, dass er diesen Teil des Spaziergangs besonders gut finden würde. Auf dem späteren Rückweg üben Sie „Dreh dich“ links- und rechtsseitig aus der Bewegung. Und wenn Sie später mit Ihrem Hund wieder zu Hause sind, gönnen Sie ihm noch eine Massage.

Das Schöne bei der Integration in den Spaziergang ist, dass es einen kontinuierlichen Wechsel zwischen den teilweise anstrengenden Übungen und dem lockeren Weiterlaufen gibt. **Auflockernde Pausen zwischen den einzelnen Übungen sind wichtig und müssen zu Hause ebenso in geeigneter Weise eingehalten werden.**

Auch zu Hause kann Körperarbeit wunderbar in den Alltag integriert werden. Sofern Ihr Hund recht aktiv ist und im Haus

und Garten auch ohne Ihr Zutun in Bewegung ist, können Sie jederzeit eine Übung zwischendurch einbauen. Wenn aber Ihr Hund ein weniger aktiver Zeitgenosse ist, der eher liegt und seine Umgebung beobachtet, anstatt sie regelmäßig abzulaufen, dann sollten Sie ihn gezielt aufwärmen, bevor Sie ihn Übungen durchführen lassen.

## Wohlfühlbehandlungen

In allen Buchteilen sind Berührungen und Massagen beschrieben. Diese Form der Körperarbeit ist nicht weniger wichtig als die Positionierungs-, Stabilisierungs- und Bewegungsübungen. Sie wirken direkt und unmittelbar auf das vegetative Nervensystem und haben viele positive Effekte, sofern Ihr Hund Berührungen als angenehm empfindet.

**Wichtig: Haben Sie einen berührungsempfindlichen Hund, lassen Sie bitte immer den Hintergrund abklären und erzwingen Sie nichts!**

Die Berührungen und Massagen können Sie Ihrem Hund im Sinne von „Wohlfühlbehandlungen" jederzeit zukommen lassen. Sie können mit einer Übungseinheit kombiniert, aber natürlich auch völlig losgelöst davon durchgeführt werden. Ebenso verhält es sich mit den Berührungen rund um den Kopf aus Teil 6 dieses Buches. **Es kann ein wunderbares Ritual sein, täglich 10 bis 15 Minuten freigehaltene Zeit dafür zu nutzen, dem Hund diese Form von entspannter Zuwendung, Aufmerksamkeit und Nähe zu schenken.** Beobachten Sie Ihren Hund genau und werden Sie Experte dafür, welche Berührungen ihn zur Ruhe kommen lassen und welche ihn eher aktivieren. Deutliche Zeichen für Entspannung sind zum Beispiel tiefes, oft sehr seufzendes Ausatmen, weiche Mimik, halbgeschlossene Augen und auch das Nachlassen der Körperspannung. Ihre Beobachtungen können Sie nutzen, wenn Sie Ihren Hund in bestimmten Situationen beruhigen möchten. Das Ausstreichen der Ohrmuscheln hilft zum Beispiel vielen Hunden, die manchmal herrschende Anspannung im Warteraum einer Tierarztpraxis gelassener hinzunehmen.

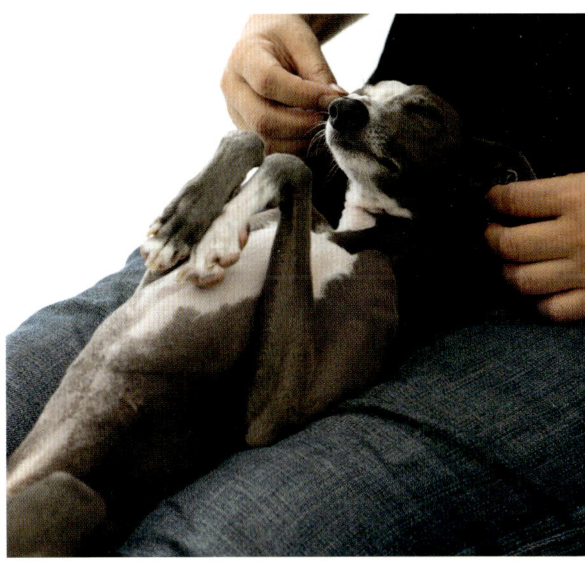

Es spricht übrigens überhaupt nichts dagegen, die Berührungs- und Massagezeit auch auf das gemütliche Sofa zu verlegen. So haben Sie es beide bequem. **Ich wünsche Ihnen eine wunderbare und entspannte Zeit mit Ihrem Hund!**

# Danke!

Als Erstes denke ich an dieser Stelle an meine wunderbare Hündin Mona. Für sie und mit ihr habe ich die Körperarbeit nach meiner Vorstellung entwickelt. Sie hat den Weg über die Regenbogenbrücke angetreten, während dieses Buch entstand, was mich tief getroffen hat und sehr nah ans Aufgeben brachte. Dass ich es in liebevoller Erinnerung an sie dennoch geschafft habe, dieses Buch zu vollenden, verdanke ich vor allem meinem lieben Mann Ralph. Er hat nicht nur alle Fotos gemacht, Entwürfe Korrektur gelesen und all meine oftmals verrückten Ideen wie immer mit Geduld ertragen. Er war es auch, der nie einen Zweifel daran ließ, dass ich dieses Projekt abschließen werde, und der mich ermutigt hat, wenn ich selbst nicht mehr daran geglaubt habe. Danke, Ralph, Du bist der Beste!

Mein Dank gilt all den wunderbaren Menschen, die mich während der Entstehung dieses Buches unterstützt und mir immer wieder gut zugeredet haben oder einfach durch hartnäckiges Nachfragen dafür gesorgt haben, dass ich am Ball blieb.

Sehr herzlich bedanke ich mich auch beim Team des animal learn Verlages für die Unterstützung bei der Realisierung meines Buchprojektes und insbesondere bei Annette Gevatter für die tolle Zusammenarbeit und die wunderschöne Gestaltung des Buches.

Ebenfalls einen besonderen Anteil am vorliegenden Ergebnis haben die tollen Hund-und-Halter-Teams, die geduldig so manche Fotosession mitgemacht haben: Herzlichen Dank an Angela mit Jigi und Pamo, Jutta mit Chopin und Suerte, Meike mit Timber und Tucker, Taira mit Tuja und Susanne mit Krümel – Ihr alle wart spitze! ☺

Silke Stricker

# Über die Autorin

Silke Stricker ist Therapeutin für Akupunkt-Massage am Hund nach Penzel und zertifizierte Hundephysiotherapeutin. Bereits während der Ausbildung begann sie ihre Vorstellung von Körperarbeit mit dem Hund zu entwickeln. Ursprünglich vor allem für ihre eigene Hündin Mona gedacht, wendete sie die Körperarbeit bald auch erfolgreich in ihrer Praxis an und gab ihre Ideen im Laufe der Jahre an interessierte Hund-Mensch-Teams weiter.

Die Entwicklung eines innigen und auf Vertrauen basierenden Verhältnisses zwischen Mensch und Hund ist ihr dabei besonders wichtig. Sie lebt mit ihrem Mann und dem stattlichen Landseer-Rüden Bonus im Weserbergland.

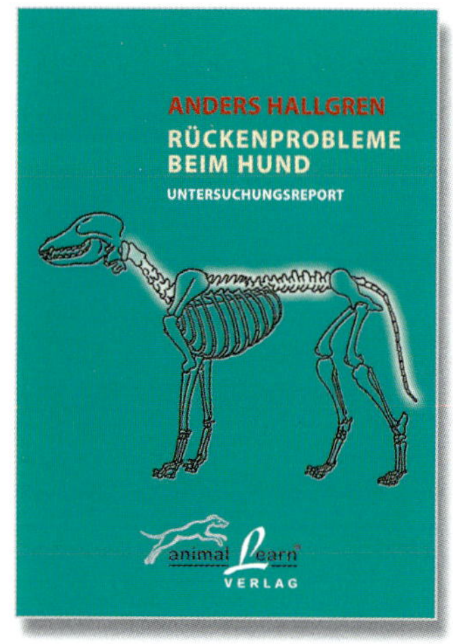


## Rückenprobleme beim Hund
### Untersuchungsreport

**Anders Hallgren**

Anders Hallgren, der bekannte Psychologe und Hundetrainer aus Schweden, beschreibt in dieser Studie ausführlich die Auswirkungen von Rückenproblemen, anderen Gelenkserkrankungen und damit verbundenen Schmerzen auf das Wesen und Verhalten unserer Hunde.

Er berichtet über mögliche Ursachen und gibt wertvolle Ratschläge, welche Behandlungsmethoden bei der Heilung oder Linderung erfolgversprechend sind. Er erklärt, worauf beim Trainieren verschiedener Hundesportarten zu achten ist und welche Präventivmaßnahmen jeder Hundebesitzer ergreifen kann, damit sein Tier gesund und fit bleibt.

Ein wertvoller Ratgeber für jeden, der mit Hunden lebt und arbeitet.

Paperback, 56 Seiten, mit zahlreichen farbigen Abbildungen
ISBN: 978-3-936188-05-9